U0258567

人生整理行动计划

A Edited Life

［英］安娜·牛顿　著

胡晓姣　夏佩瑶　袁桦　译

中信出版集团 | 北京

图书在版编目（CIP）数据

人生整理行动计划 / （英）安娜·牛顿著；胡晓姣，
夏佩瑶，袁桦译 . -- 北京：中信出版社，2021.4（2025.2重印）
书名原文：AN EDITED LIFE
ISBN 978-7-5217-2273-4

Ⅰ . ①人… Ⅱ . ①安… ②胡… ③夏… ④袁… Ⅲ .
①生活－知识 Ⅳ . ① TS976.3

中国版本图书馆 CIP 数据核字 (2020) 第 181975 号

An Edited Life: Simple Steps to Streamlining Your Life, at Work and at Home by Anna Newton
Text ©Anna Newton 2019
Design © Quadrille 2019
First published in the United Kingdom by Quadrille in 2019
Simplified Chinese translation copyright ©2021 by CITIC Press Corporation
ALL RIGHTS RESERVED

本书仅限中国大陆地区发行销售

人生整理行动计划

著　　者：[英]安娜·牛顿
译　　者：胡晓姣　夏佩瑶　袁桦
出版发行：中信出版集团股份有限公司
　　　　　（北京市朝阳区东三环北路27号嘉铭中心　邮编　100020）
承 印 者：嘉业印刷（天津）有限公司

开　　本：880mm×1230mm　1/32　　印　　张：10
字　　数：170千字
版　　次：2021年4月第1版　　　　印　　次：2025年2月第3次印刷
书　　号：ISBN 978-7-5217-2273-4
定　　价：59.00元

目录

序 Introduction

如果你需要有人与你携手清理衣柜——一项你拖了整整五年的任务，我就是你需要的人！如果你想找个会归置破东烂西的朋友，看看人家日记里记录了啥收纳诀窍，我的日记随你翻看！如果你想了解一些冥想 App（应用程序），让自己的生活更"佛系"，我这儿也有重点推荐！但最重要的是，如果你唱歌时选中了布鲁·坎特雷尔那首《呼吸》，甭犹豫，里面肖恩·保罗的那段说唱放着我来！

我叫安娜，平日是一名全职博主，周末喜欢像《拼车卡拉秀》（Carpoo Karaoke，原创真人秀节目）那样唱唱歌，其余时间便是一个重度整理控。我是典型的处女座，每每读到这一星座具有勤奋、高效的特征时，总会扬扬自得、沉醉不已，这让我的另一半非常抓狂。"处女"之最，舍我其谁！2010年，我开通了博客账号The Anna Edit。这个博客最初记录的是我如何在家里暗自"囤积"大量美妆产品，但之后逐渐成为我分享生活点滴的地方，从效率提升秘诀到《爱乐之城》男主演"高司令"——瑞恩·高斯林的表情包，从胶囊衣橱教程到如何清除面部汗毛（若你遗传了老爸的多毛基因，日子长了不除毛，看上去就像汤姆·塞立克一样"只有胡子没有脸"，看看我的博客也许会有帮助）。这个博客也算是互联网上一隅精彩纷呈之地，若诸位得闲，不妨来逛逛，打个招呼吧！

虽然小时候闲来无事我就喜欢按颜色整理自己的"绘儿乐"蜡笔，但是真正开始整理、收纳是长大后。我的收纳之旅始于大学毕业三年之后，当时我和彼时的男友、现在的丈夫马克住在东伦敦的一套一居室公寓里。我们可以在几步之遥的韦斯特菲尔德购物中心徜徉（平日里那儿就是购物天堂，可到了周末，就成了人满为患的"血拼地狱"），花45英镑从全食超市捎一包薄脆饼干、奇亚籽布丁还有鹰嘴豆泥味薯片，并且对地铁中央线从哪节车厢上车能让我们下车后正对着出站口楼梯了如指掌。虽然住的公寓只有火柴盒大小，我们还是愈发沉醉于这种原汁原味的伦敦生活。我们发明了许多收纳小技巧，比如把熨衣板藏在沙发后面，把吸尘器塞到门后。但在积年累月不断"买买买"之后，新物件很快就把这个小家填得满满当当。卫生间变成了蜡烛储藏区，抽屉里堆满了新买的床上用品，打开衣柜门也成了一项危险任务，就差在柜门上贴个"必须佩戴安全帽"的安全警示了。身为处女座的我，东西从不乱放，只是家什实在太多，放得有些乱罢了。

要是不搬家，我真的意识不到自己竟然有这么多东西。这难道不是个有趣的现象吗？后来，告别了伦敦的大雾，我们一路向南搬到了80千米外的布莱顿。我至今都还记得拖着个箱子搬去新家的情景，箱子侧面写着"旧化妆品3号"，可把我们的新邻居乐坏了。

好在我们的新家宽敞些，可就在拆那堆好像永远都拆不完的箱子时，我突然意识到，大多数箱子里的东西都是我不需要、不喜欢甚至是用不到的。坏掉的iPod Shuffle（便携式数字多媒体播放器），Topshop（快消时尚品牌）亮片连衣裙，还有一本大学教材。我试了试那条裙子，感觉自己就像一根快要撑爆的香肠！再看看那本书，非但没读，居然还裹着原封未动的塑料包装！伸手拉出一只切蛋器的那一刻（别问为什么我会有这种东西），简直是给我这堆玩意儿锦上添花了！是时候找个午后，好好读读"日本收纳女王"近藤麻理惠的《怦然心动的人生整理魔法》了。这本畅销的"收纳圣经"反复强调，只有那些纯实用性的物件，或者握在手里能带给我们幸福感的东西，才值得被留下来。于是没过几天，那只切蛋器，连同五大包破东烂西被我一股脑儿处理了。另有两包衣服被我放入回收箱，一堆电子产品被送到了慈善商店。

那个星期，我的生活方式在不知不觉中发生了微妙的改变，开始转向"极简主义"，一个听起来令人略感恐慌的名词。接下来的几个月里，我突然感觉到不仅家的功能性增强了，连我的大脑也得到了几个月来第一次充分放空，给许多新想法腾出了容身之所。彼时彼刻，我实实在在感受到什么叫作"如释重负"。所有东西全都井井有条，工作和时间安排也更紧凑、高效。我们甚至开始提前计划一日三餐，不再像从前那样三天两头订外卖，那点儿存款都用在吃上了。总的来说，我不再买那么多东西了，而是像人们常说的那样，买东西尽量"重质量，不重数量"。这样一来，要整理的箱子也少多了。一举两得！

处女座的人就是这样，"要么无所不有，要么一无所有"，不是吗？我很快迷上了这种"一无所有"的感觉。我先生对此颇为担忧，生怕自己哪天回到家发现电视遥控器也被我丢进了垃圾桶，因为我觉得这东西不能带来幸福感。只要与收纳这一主题相关，不管是书籍、博客还是播客，都会令我如饥似渴，没有什么比丢垃圾更让我快乐。我会在周末清理厨房里所有的橱柜，会时不时在阁楼里翻箱倒柜看看还有什么可扔的东西，还会逼着我妈妈精简她的花瓶收藏（她收藏的花瓶怎么也有50多个吧，老实说，真的快要失控了），也喜欢上了无印良品的塑料收纳盒。当时的我认为自己符合极简主义者的所有标准，可事实上，我住所中的那个胶囊衣橱里只有7件上衣，我从来就没有干净的衣服可穿。我从一个无所不存的"囤积控"，彻底变身为能丢尽丢的"清理狂"，陶醉于将一袋又一袋垃圾扔到回收站，甚至连切实需要的东西也丢掉了。当我不怀好意地看向电视遥控器时，突然意识到，得找到一个更舒适的中间地带才行。

接下来的几年中，我在"半极简主义"的框架内构思了许多方法、准则和收纳技巧，但不像之前读过的极简主义规则手册中所写的那般规行矩步。我家的电视遥控器终于长舒了一口气，而那个胶囊衣橱则成了我生活方式的重点，只是我不再纠结"这件上衣穿多久才能下岗"的问题了。

"极简主义"是个宽泛的概念，涵盖了一系列简约生活的理念，它可以是所有物品只需一只行李箱便可挤下，也可以是把书架上快堆满的系列唱片收藏扔掉一半。严格意义上的极简主义，具有极强的规定性。只有7件上衣的日子我已经快吃不消了，更别提成为那些挑战整个胶囊衣橱里只留10件衣物的人了。所以我所认为的中间地带，就是追求一种"整理的（Edited）"人生。这是一个长期过程，需要接纳生活中的不完美，尽量摆脱完美主义的诉求，因为完美在现实中根本不存在，它只属于电影中的那个"高司令"。

如此，不妨读读这本书吧，我多年收纳整理之旅中的那些干货全在这儿了。从当初无法收手地"买买买"，到后来停不下来地"扔扔扔"，再到现在虽有洁癖却能"忍忍忍"，我的心态日趋平和。清理蒙尘的物件，养成省时的习惯，会给大脑腾出更多空间来处理其他日常事务。收纳整理类的书籍我读过太多了，知道里面难免有些玄虚的东西："清晨醒来，穿一件白色亚麻家居服，品一杯小麦草汁，饮罢静坐冥想三盏茶的工夫，而后面朝大海屏息凝视……"但本书不弄玄虚，只一心为诸位读者提供建议，助你做出可行的改变，树立切实的目标。冥想，不必有海景；改变，无须酒壮行。

21 世纪的生活可谓相当疯狂，人们不是在"照片墙"（Instagram）上晒美食照，就是在"脸书"（Facebook）上被"种草"，买一大堆没用的东西（要是这两个"坑"一个都没入，那八成就是在某个地方抱怨如今生活的不易呢。唉，人生啊！）。生活总是令人应接不暇，家里的橱柜塞得满满的，外面的应酬排得满满的，忙到都想不起剪头发……是时候放慢脚步，留点儿时间给自己好好整理思绪了。我希望读完这本书后，你愿意拿出一个周末，做点儿自己真正想做的事。刷刷"网飞"（Netflix，美国一家在线影片租赁服务商）的剧，周日和父母去酒馆吃顿烤肉，甜点过后再来一场高难度的拼字游戏。我非常乐意在背后推你一把，给你打点儿"鸡血"，让你一一打卡那些拖延数月的"成年人必做"清单上的内容，或者帮你预约个美甲，花半个钟头一边做指甲，一边看八卦杂志"吃点瓜"。

过去四年间，我发现"人生整理"不只包括实体物件的整理，而是一个更为宽泛的概念。本书的宗旨就是为生活注入更多美好。我们后面会提到如何清理衣柜，但这不仅涉及实物的整理，还包括好习惯的培养和心态的转变，并且积极坚定地去做这件事。首先，我建议你先梳理一下自己的日常活动，制定适合自己的时间表，让自己有时间高效处理工作、履行个人职责、好好照顾自己和安排社交生活。我知道，这听起来很疯狂，但完全有可能实现。等你对时间管理驾轻就熟之后，就可以重点关注一下工作了，比如设置截止日期、整理电脑文件等。最后，仔细研究一下你家中的物件，告别那些多余的破旧衣物，让房间干净整洁，内心恢复秩序。将这种典型的极简主义做法作为最后一步，未来治愈"囤积狂"病症的可能性就大一些，哪怕少囤一点儿也是好的。你会把真正需要的东西分门别类整理好，用于"整理后的"新生活，而不会将这些东西一股脑儿地扔出去，未来真正需要时再追悔莫及。所以，"旧化妆品3号"，再见吧！

此法听来简单易行，因为其本身也的确如此。有一点需要谨记于心，那就是收纳整理没有万全之策，因为我们此时此刻就在摒弃那些死规则，把它们和你攒了15年的那堆文件一并付之一炬！本书分为生活、工作以及家居三个简单模块，你只需对书中的策略加以运用和调整，便可形成适合自己的整理模式。每个模块都包含一些小技巧、小清单和实用建议，帮助你建立一种更有条理的生活方式，这一方式只属于你，只关注你的个人需求。简单生活并非让你做出180度的大转变，不情不愿地丢掉所有物件，而是让你清理浪费生命的事物和想法，对生活做些微调，再简化一点就好。简单生活，就是只要两分钟就能选好明天的穿搭，因为你有一个方便实用的胶囊衣橱，从此再也不用盯着椅子上那堆成山的衣服，20分钟都搞不定穿哪件出门。简单生活，还可以是把手机锁进抽屉几小时，一门心思进行"数码排毒"，而不是让手机"长在"手上。简单生活，也可以是周日在家一集接一集地刷《鲁保罗变装皇后秀》（RuPaul's Drag Race，美国一档变装电视节目），而不是大老远跑去参加闺蜜的男友的表哥的侄女（八百竿子都打不着）的生日聚会。简单生活，就该心安，理得。

最重要的是，我希望本书能为你带来愉快的阅读体验，能令你几度开怀大笑，让你轻松看待生活中的归纳整理，为你提供一些方法和技巧，使你无论何时都可以凭一己之力来一场大扫除。所以别把这本书当成需要字字遵循的教条，把它当成你的朋友，一个嗜爱整理（且乐此不疲）、妙招不断的朋友，一个《老友记》中莫妮卡①那样的朋友。

谨以此书献给所有像我一样的莫妮卡们，也献给像剧中的菲比和瑞秋那样不善整理的朋友们。即便你已经入了胶囊衣橱和子弹笔记的"坑"，我还是相信这本书能够帮助你进一步精简生活。对于那些想寻求生活各个方面整理指导建议的人来说，你们算是来对地方了。在这儿没有谁对谁错，有的只是建议、技巧和"高司令"的疯狂推荐（光在序言这部分，我就推荐三次了！）。找个舒适的地方，读读这本书，向你"整理后的"美好新生活问个好吧！

---

① 莫妮卡是一个重度整理控，她甚至有一台小吸尘器专门用来清理另一台大吸尘器。——译者注

整理你的人生：
基本理念

如果你觉得自己的生活需要正确的引导，那以下的八个基本理念可以为"整理后的"人生奠定基础。这些核心理念统领本书所有章节，我们会一再提及，将它们作为你的使命宣言和精神指南吧！

专注品质，而非数量　要始终牢记，财物价值不在多，而在精。"精简的"生活保有的物件要么是常用的，要么是以某种方式为你的生活增色的。

没用，别买！　道理同上，买东西是因为需要，而非想要。偶尔犒劳自己没问题，但总是买起来没完没了就得"刹手"了。

重在规划　深思熟虑的规划不仅可以帮助你看得更长远，而且更有助于建立切合实际的目标，当你一项项去完成任务时，会有收获颇丰的实感。

"不"字有魔力　明确什么时间段应该留给自己，别让自己心力交瘁。尊重自己的时间表，了解自己的身心状况，清楚什么时候最该说"不"。

家中整洁＝思维敏捷　如果物品摆放井然有序，做事拖沓、杂物碍事的情况也会减少，处理问题的效率自然会提高。

睡觉，多睡觉　充分休息，更多惊喜。如果可能，尽量保证每晚八小时的睡眠时间。但碧昂丝（美国女歌手）这样的人除外，她不怎么睡觉也能事业有成，咱可比不了。

心怀善意　除了以善待人之外，也要给予自己应有的爱与尊重。多多运动，好好吃饭，充分休息（是的，后文我会反复强调要多睡觉）。

微调生活，更多快乐　这是本书的终极目标。通过对生活、工作和家庭进行系统微调，你会从容不迫面对生活，会有更多时间从心所欲，快乐至极。

写在开始之前······

在你沉下心来认真阅读本书之前，我还得啰唆几句。我想说，不用担心，我不会逼你写下自己的所思所感，像对着日记本倾诉一样。但我认为的确应该花点儿时间，好好反思一下你自己目前的状况了。

找一个安静的地方，静坐10分钟，

或者到外面散散步，

思考一下目前的生活、工作和家庭。

你觉得生活中的哪些部分需要改变呢？

哪些方面使你力不从心？

又有哪些方面是你想要改变，

但一直懒得付诸实践的呢？

照我的经验来看，这些问题的答案极为重要。你可以从自己兴致勃勃想去做的事情开始，等获得一些积极的改变，变得更有动力、有了"大佬"的风范之后，再回过头去做那些你一直拖着懒得做的事。

由此，我建议以两种方式使用本书，要么是最常见的从头翻到尾；要么是先浏览一下目录，然后直接跳到最想看的章节。本书的章节顺序是经过综合考量的，我认为这样安排效果最好，但是你也许会有不同的解读方式。当然，如果你觉得把"工作"和"生活"调个顺序来读更好的话，也完全没有问题。整理没有所谓的正确方式，其核心在于改进。所以，抓住机会，拿出传奇时尚女主编温图尔的气势，开启你的"生活编辑"之旅吧！

我呢，快30岁了，没有孩子，平时在家工作，自己给自己当老板，所以我的生活整理经验和那些有两个孩子、每天赶去办公室的上班族妈妈相比，大不相同。大学期间，我的日子过得捉襟见肘，手头一直很紧，好在银行的无息贷款我还能应付得来，当地的"Co-op"（英国知名连锁超市品牌）超市降价区也总有低价商品出售，这些都曾助我渡过经济难关。因此我觉得本书也能在这方面为各位学子提供建议。但我知道，因为尚未为人母，我的某些建议对妈妈们来说可能算不上太实用，毕竟她们有时连安安稳稳上个厕所的时间都没有。这些妈妈都是"超人"，令我疯狂膜拜！但是别忘了，这不过是人生的一个阶段！我的爸妈现在就能安稳地在厕所"办大事"了，因为我再也不是那个扒着门缝往里看的小娃娃了。前文我已说过，人各有所需，尽管挑你喜欢的章节去读吧。

如果你对某个章节格外感兴趣，一定要去书末的"干货"部分了解这个话题的其他资源，寻求更多指导建议，里面有我常看的网站、书籍和常听的播客节目，每每需要提升整理技能时，我都会通过这些渠道找找灵感。在我的博客里，你可以找到书中所有话题的电子版计划表，可不限次数免费下载，帮助你进一步整理人生。博客上还有 2 500 多篇文章，涵盖了各式各样的话题，也有许多相关文章和视频。不过 2010 年的"黑历史"就请不要看了，那年我的肤色一言难尽，你们懂的。

每一章的最后，你都会看到"作者有话说"模块，里面会对本章做总结，对下一章做展望。如果你不确定要从哪儿入手，每个模块（生活、工作、家居）的最后会有清单供你选择。本书的最后也会有不同的"人生整理"行动计划表，时间周期有一周的、一个月的，还有三个月的。不管选择哪种表格，你都能找到最佳办法，把零七八碎的事情安排得井井有条。你也可以随意在书上备注，圈个重点，只要你觉得这样才能入脑走心，咋涂咋画都随你！我读书的时候，遇到自己觉得可能要再读的内容，就会在那一页贴上标签纸或便利贴，这样回头再查找起来比较方便。若你觉得本书尚有可圈可点之处，我会倍感荣幸。感谢各位！

话不多说，人生整理正式启程……

生活 Life

通常来讲，当我们不堪重负时，总会觉得要把所有东西扔掉才能使自己平静下来。于是，从柜子里翻出一个垃圾袋，因为找不到哪头开口而急得骂人，打开以后便开始把东西往袋里乱扔一气，希望这样做心情能立刻进入我觉得只存在于网上的地平线风景图里那样的宁静祥和之境。听我说，有时候这样做也有用，我并非在批评这一做法，但想让高效的新习惯和新做法扎根在我们心里，就得先"清理"大脑，再清理实物，这一点很重要。

不提垃圾袋了，我们现在谈论的是这之前的事情。这样也是为了确保在你抽出时间重新归置家里时，能有最佳的脑容量来铢分毫析。

"物件"什么的先不说，先说说你吧。首先，你要做好相应的准备，制定一个合理的日程，这样才不至于看到自己的安排气都喘不上来。接下来，撕开那一摞满是灰尘的银行信件，处理一下财务问题吧，因为是时候聊一聊"那个"了。没错，就是预算！最后，要学会关爱自己。这句话也许听着就像句营销文案，但是关爱自己是一项重要技能，我们都要学着提升这一技能。关爱自己的方式很多，比如让自己休息一下，以消除多余的压力源（比如练练空手道，把焦虑都劈走！）。一句话，是时候把财务梳理一下，然后狠狠爱惜自己了。你可以的！

打造你的专属日程

日程本就是你的私人生活助理，通过它的帮助，可以确切地了解你要在何时、何地做何事。所以我们得先确保你有出色的时间规划能力，以此来为你"整理后的"人生奠定基础。

说来你也许不信，从前我们的生活中根本没有什么日程本。当然20世纪90年代时就有"桫椤札记"（Dear Diary）这类电子规划软件和"贺曼熊"（Forever Friends）挂锁笔记本这类记事工具，但你很可能在之前从未写过什么日程安排，即使写过，也没有忠实地执行过。而今我已经不喜欢用挂锁笔记本了，但我绝对是电子规划软件的忠实粉丝。只要有日程表可循，无论是纸质的还是电子的，我们都可以掌握好自己的时间安排，还能另外挤出一些空闲。理论上来说，有了日程表，就不会再错过任何会议、约会或生日。毕竟我们都知道，这些糗事一旦发生，真是极为尴尬、很难收场。

出于这种考虑，日程规划就顺理成章成了本书的第一章。规划日程，就是为自己量身定制一个整理框架，满足个人的需求和偏好，让你可以往这个框架里添补日程，加入自己"整理"的人生。要是没有日程表，我敢保证你肯定无法高效地运用时间；如果你不是这样的人，那我们大家可要给你好好鼓掌，因为你的记忆力一定无与伦比，真心希望你可以好好发挥这一优势。一份精心制定、条理清晰的日程表是整理生活必备的首选工具。只要把具体时间写进日程，清单、预算、计划、自我关爱、清理杂物、日常习惯等事项都会水到渠成。这看似轻而易举，但要知道，本书每个章节的根源都可以追溯到这不起眼的日程本，所以并没那么简单哦。

那么，何不坐下来，打开自己最近的日程本看看呢？如果你自认为对日程计划已经得心应手，那就把这一节草草带过，翻到下一节吧！但如果你的日程表乱得让人睁不开眼，上面不过是些日期、时间，还有乱糟糟的字迹；看上去像是你喝多了之后胡写乱涂的，如今自己也破解不了当时写了些什么，你算是来对地方了。

纸质日程本和电子日程本

如果你的日程本就像小孩子胡乱涂画的"艺术品"，潦草得你自己都不知道写的是什么，或者你跑去看牙医的时间总是比预约时间早一周，那么你就该承认，有必要开始从头整理一下日程本了，因为现在的方法并没有帮你安排好时间，辜负了它真正的使命。不过，你更愿意选择纸质日程本还是电子日程本呢？从前我钟爱手可盈握的纸质日程本，它让我感觉自己像个正经八百的大人。尽管写纸质日程时难免用修正液涂来改去，但是，面对别人的现场邀约，我无法脱口而出一个理由来拒绝时，拿日程本做挡箭牌倒也方便，因为我大可以说："不好意思，我的日程本没带在身上，要回去确认一下。"我真的好坏哟！

不过就在三年前，我开始使用"iCal"（苹果公司出品的电子日历）——一个标准日程管理App，可在所有苹果设备上使用。其实，我曾有很长一段时间都拒绝使用电子日程管理App（这给我的同事添了很多麻烦），但是，"入坑"之后我才发现，我可以轻轻松松把自己的日程计划分享给我的经理、父母、丈夫。自那之后，我就把修正液扔进了垃圾桶，因为不用它也可以对日程进行规划、修改和移除了。"iCal"便利、灵活，点击一下就可以跟踪本月的计划进展，所以它现在成了我的首选。但无论你选择了哪种日程本，我都有很多良心推荐。

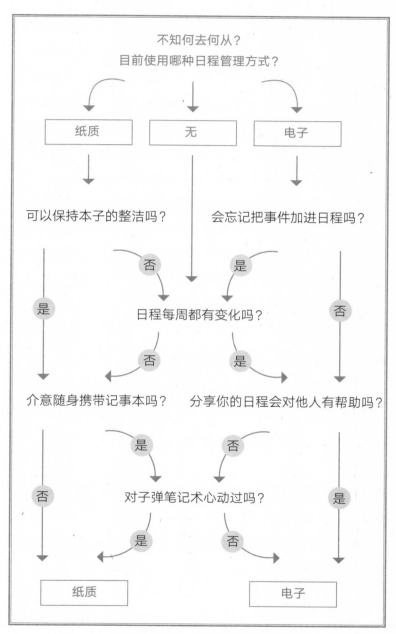

日程管理方式选择思考流程图

纸质日程本推荐：

●商务人士：MOLESKINE（意大利文具品牌）
这是我初入职场的第一款正经大人风格的日程本，因此它在我心里永远占有一席之地。MOLESKINE的本子有多种颜色、型号和页面布局可供选择，值得！

●北欧室内设计风格爱好者：APPOINTED（美国文具品牌）
要说时髦，我还真不知道有哪个品牌的日程本能与它媲美！虽然它的配置和Filofax（斐来仕，英国文具品牌）类似，但要说页面布局，我还是最喜欢这家的周计划本。如果你真心喜欢，还可以选择印有自己姓名首字母的本子。

●乐于年年更换日程本的人士：PAPERCHASE（英国文具品牌）
这可能是英国大街上最常见的日程本品牌，型号齐全、样式各异、主题丰富，涵盖从食物到健身等各个方面。友情提示：只要买了一本，你就会想买下整个系列。

●喜欢独特封面的创意人士：OHH DEER（英国文具品牌）
如果你喜欢有着稀奇古怪封面的本子，放在桌上看起来很吸引人，那就别犹豫了，没有其他品牌能做出他们家这种奇特又好看的风格。其中一些图案要是能做成墙纸，就真的绝了！

●注重布局细节的人士：KIKKI.K（澳大利亚文具品牌）

这个品牌的网站上专门有一个版块叫"整理"，不用我再多说了吧？他们家的本子简约大方，页面布局考究，适合不同的日程规划方式，好评如潮。

日程管理App推荐：

● 喜欢操作快捷简单且免费的人士：OUTLOOK，APPLE CALENDAR，GOOGLE CALENDAR

这几款都是比较常用的日程软件，它们相似度高，并且都是系统自带，能用哪款取决于你用哪种系统（苹果或微软），以及用哪款邮箱。

● 想把整理的方方面面都数字化的大忙人：BUSYCAL（针对苹果系统用户）

软件界面完全自定义，可以管理待办事项，设置日程提醒和闹钟，还可以插入分类日程条目或便利贴。对于想要一站式高效体验的人来说是个很棒的选择。

● 总是忘记定期查看日程表的马大哈：BLOTTER（针对苹果电脑用户）

也许单看多任务管理能力，它不是所有日程App中最强的；但要对比颜值，它定是数一数二的，因为它完美融合了日程界面和电脑桌面。

生活

●注重细节者：FANTASTICAL（针对苹果系统用户）

用过的人都觉得这款App是做行程安排的最佳选择。虽然价格有些昂贵，但是它功能完备，从事项提醒到清单列表一应俱全，能够帮助你管理好生活，是那些注重细节的整理狂人的不二之选。

●视觉型学习者：CLOUDCAL（针对安卓系统用户）

每天的日程总览都能通过一个彩色圆圈来呈现，每添加一个事项，就会生成一种专属颜色，只要简单地拿眼一扫，就能知道你每天有多忙，都在忙些什么，这就是这款App的卖点。

确定了日程管理方式后，就开始填写日程表吧！

> **1.** 先填入时间跨度较长的事件，比如节假日、大型会议或学校假期等。
>
> **2.** 接下来，再填入时间跨度较短的日程项目，比如例会、约会、健身课等。
>
> **3.** 这和待办事项列表是两回事（那个我们稍后再谈）：上面记录的应该是你的活动和计划，所以先别跑题。

设置新日程时，我有时会有点儿兴奋过头，最后结果就是睁着眼的每一分钟都被安排得满满当当，各种颜色的标记有序排列，没有一丁点儿空闲做一些计划之外的事，比如穿着3年前松紧带就松了的紧身裤，懒懒散散地在沙发上躺会儿，或者去见见朋友。所以，只记录优先要做的和重要的事情就行，先别管那些日常任务、外出事项和一般的待办事项。记住，日记也好，日程表也好，计划表也罢，不管你怎么称呼它，它都只是一个告知你行程安排的工具，仅此而已。所有其他的计划我都会归到待办事项列表、效率App或笔记本上。不用担心，这个我们之后会谈到的。

选好日程管理方式后，先试用一个月，看看适不适合自己。你会不会每天根本想不起来要检查一下自己的日程表？觉得更改日程表是一件让人讨厌的事？觉得管理日程太浪费时间？或者就是感觉这种方式与你气场不合？只要说中了一点，就大胆做出改变，从头开始选择适合自己的方式来管理日程吧！要是你总忘记查看当天的日程，那就把日程App放在手机或电脑桌面上，或者把纸质日程本放在工作区的显眼位置。要是增删日程意味着要花至少5分钟来鼓捣手机，或者不得不把本子上的会议事项来回删改，弄得很难再在涂改的地方添上新的事项，那么你就该换个App或者彻彻底底抛弃纸质日程本了（或者花钱买个修正带，有了它你就不用像用修正液那样，等干了再往上写字）。要是觉得写日程表太费时间，很可能是因为你添加了太多事项，但其实很多事情可以简单地归到待办列表里，或者你把时间浪费在了美化纸质日程表上，要是这样，你就该考虑用电子日程表了。

日程表整理：重要贴士

好的日程表应该让你感觉一切安排井然有序，有序到你想后退一步，欣赏自己的杰作，好好鼓励一下自己。为自己的日程表骄傲吧！当然，我们有时的确控制不了日程表里该填什么，但我们能控制的是如何管理自己的日程。先熟悉一下自己的日程框架，这里有一些可以用到的建议，帮助你把烦琐事项转交给日程表，减轻自己的负担。

- 把需要记住的生日设置好定时提醒，提前一周弹出，以便尽早准备生日贺卡或礼物（如果你的朋友够幸运的话）。如果你用的是电子日程表，确保把生日设置成重复提醒。我要是听说某个朋友喜欢某个东西，我也会把它记到备忘录里（所以我的朋友马特今年收到了一台意面机）。

- 婚礼日期和预产期也一样写到日程表里。一旦收到婚礼请柬，我就会先拍张照片，以防找不着了，还会把婚礼日期连同地点、礼品清单、着装规范等信息都写进日程里。闺密的预产期我也会记上。一来可以提前让自己把那段时间稍微空出来，到时好给闺密带上一份千层面；二来方便预留资金来参加宝宝派对，也好从"The White Company"（英国家居品牌）家居商店买份昂贵的礼物带着。

- 就算工作任务的截止日期还遥遥无期，也都添加到日程里吧。如果你觉得这样可以让你效率倍增的话，还可以设置一个提前一个月的倒计时。

- 把会议地点也记下来，省得到时候在公交上还得一边往外挤，一边万念俱灰地找原始邮件。如果你用的是电子日程表，确保给所有与会者发送邀请函，并附上会议时可能会派上用场的一些备注或链接。

- 以上几项只适用于电子日程表，如果你用的是纸质版，那么就准备两个日程表吧！一个用来记录个人预约，比如健身、医院的预约、夜生活和周末计划；另一个用来记录工作，比如会议、截止日期、项目上线日期，或者其他任何你需要密切关注的事项。这样你就可以把个人日程分享给亲密的人，把工作日程分享给同事，将两者区分开来，你的老板就不会看到你明天午饭时间还有个妇科预约啦！

- 如果你坚持使用纸质日程本，那就拿出荧光笔和彩色标签标注一下。这样更容易区分你的私事和公事，也可以区分朋友生日和杠铃操课程。

- 面对时间，我们总会带有不切实际的乐观，所以要确保两场会议中间有足够的时间来进行回顾，查漏补缺，然后为下一场会议做好准备。会议超时和堵车可能是常见状况，所以永远要多预留一点儿时间，从容地奔赴下一项行程。要是能做到的话，那你可就太优秀了！

- 遗憾的是，日程本没有"自我规划"的意识，所以要试着自己养成习惯，踏踏实实坐下来，用20分钟好好计划、重新安排日程，或在日程本上提前安排好下一周的行程。我还发现，周五晚上或周日的某个时间做这件事，对我来说再合适不过了。我这样一个"派对狂"居然愿意舍弃周五晚上的娱乐时光来做计划？不敢相信吧！

作者有话说

呼！第一章结束咯！希望此时的你已经感到自己的生活变得更有条理，而不是刚拿到这本书时的样子了。只有一点儿改变吗？好吧，我接受。希望你至少已经规划好了日程。不过你每天都会查看吗？会定期更新吗？觉得它在规划和管理你的日常生活上有帮助吗？工作上、家庭上都是如此吗？很好。看吧，我早就说过，虽然日程管理看似微不足道，但一个精心计划的日程本能让每件事都像上好油的机器一样顺畅运转，会像《魔力麦克2》中浑身油光的查宁·塔图姆一般顺滑到底。

好不容易才练就了日程管理的技能，别忘了每个月检查一下，确保你的方式仍然行之有效（没有错过的会议，没有不合理的时间安排，也没有忘掉的预约），还要确保每周留出 20 分钟来制订计划。这 20 分钟有助于你管理好手头的事情，也给你留出时间为下一周做好思想准备。现在，在整理方面你已经热身完毕，我觉得你已经准备好去做一件大人该做的严肃的事情了——该谈谈钱的事了……

理财：
用好的预算做金钱的管家

"整理后的"人生中，最令人兴致索然却又至
关重要的环节，估计要数制定预算了。金钱
问题带来的焦虑暂且放一放，为自己量身打
造一个预算计划吧！

理财无疑是成年人生活中极为枯燥无味的一个方面了。如果不是买彩票中大奖，那么确认账户余额肯定不是那件最能让你雀跃的事情，金钱总是能成为我们生活中极大的压力来源。其实每周只需拿出 10 分钟，根据预算评估一下收入和支出，生活就会变得不同，你可以酣睡如婴儿，而不是整晚翻来覆去，大半夜在网购购物车里堆满四位数的商品——全都想买，可又买不起。不制定预算，我们最后可能连账户里剩多少（或者没剩多少）钱都不知道，还可能会目光短浅，不懂用手里的钱实现人生夙愿——不管是存钱旅游、买包，还是攒钱买房、或者生娃。

制定预算的理念接受起来可能不那么容易，但这是"整理后的"人生中大有裨益的一个部分……

●既然有了日程本，那就再把制定预算加为常规项吧（务必把理财事项记入日程，像对待会议一样优先处理）！

●清楚掌握自己的存款金额，能让你将迅速学会的自理技能慢慢运用到生活中，而不必每隔两秒钟就被钱的问题压得喘不上气来。

●理财会让你对自己的经济状况有一个基本的了解，方便提前对家庭生活和职业生涯进行有效规划。

●通过理财，你可以理清账户里到底有多少钱可以用来购买食

生活

物、用来旅游，又有多少钱能用于网购，剩下的钱还完账单后还得富余点儿才行。

逐一列出花销细目，乍一看你可能非常吃惊："天啊！短短一个月我居然在"Pret"（英国简餐品牌）商店花了这么多钱？！"等最初这种歇斯底里的惊诧平息以后，你就要反思一下是不是该给花销分个轻重缓急，不管想买的东西多么诱人，都该好好分配一下预算。预算总给人僵化不变的刻板印象，让人觉得逢着计划外的饭局你就会变成那个只吃饭不掏钱的人，但其实预算也是有灵活性的。收入和支出每个月都会有变动，一份切实可行的预算需要体现这些变动。设定一些大体不差的数字有助于你制订计划，摆脱多年来一直拖累自己的金钱问题。

学生时代和初入职场时的我，一直在逃避这个问题，每个月查看银行账户的次数一只手都数得过来。我那时在酒吧兼职侍应生，做着单调的苦差事，薪水也少得可怜，所以每次看到账户的总额前面画着一个硕大的负号，都不觉得有什么值得大惊小怪的。直到有一次，我没控制住又买了一管桃裸色口红，但其实并不确定账户里的钱够不够付款，心里真有些七上八下。最终交易成功的时候，我才如释重负。这次经历让我意识到，我这种理财观念和疯狂买口红的坏习惯不能再继续下去了。

本来我可能要花上几年时间（并且要无数次在网上搜索"如何用电子表格？学校学过，忘光了！"）才能做出改变，但最终一个预算就让我所有的问题迎刃而解了。我从简单的任务慢慢入手，每隔几天就检查一下自己的账户。光是这件小事就足以令人大吃一惊了。当你眼看着仅一天之内，又是打车，又是午餐，加上一时兴起在亚马逊下的单，还有下班后顺路带回家做晚餐的小食店吃食，每一样都要花钱！于是你当下便会下定决心走路上班，自带午餐，不再网上购物，一周逛一次食品店！连续两个月密切关注个人支出后，我觉得自己已经准备好将这件事摆上台面，给自己好好制订一个成年人该有的预算计划了。最开始，我只是简单地用"Numbers"（苹果电子表格工具）把账单和房租这类较大的支出悉数算出来，然后看看能存多少钱，还剩多少钱，再想想剩下的这些钱怎么花。到最后，我将以上事项分为几个类别，根据对个人消费习惯的既有了解，设定理想的月预算额，再用赏心悦目的颜色标记出来。此后多年，我一直保持这一做法，直至今日。制定预算需要时间，将这一做法内化为每月的习惯更需要时间。但这一习惯的养成让我深感自信，逐渐让自己的财务状况尽在掌握之中，透支的款项眨眼间就还完了，账单和房租也是"志在必还"。对了，桃裸色口红我也买得起了，只要不是一下来十支就行。

当然心态也得调整：预算并不是惩罚，它其实可以让我们更加了解自己的财务状况，并反过来给我们注入知识和力量，让我们合理地存钱和消费，把钱花在自己最需要的地方，最大限度地实现自己的理想。制作预算表格的做法不见得适合所有人，但至少要把下面这三条准则融入自己的理财习惯才好。

不要过度消费。

道理一听就懂，但要做到这点可没你想的那么容易，而且过度消费一不小心就会让你的银行余额前多一个大大的负号。所以喝酒的话先喝便宜点的普罗塞克（Prosecco，一种白葡萄酒）吧，以后宽裕些再装作喜欢喝香槟也不迟，反正大家都知道普罗塞克其实更好喝一点儿。

每周至少查看两次银行账户。

要想掌控自己的财务，首先要了解具体状况，就算查看自己的银行账户令你胃里翻腾，也要忍吐坚持。下载相应银行的手机App，方便关注账户动态。每周两次是底线，最好每天都看一眼。

存钱，刻不容缓！

现在就开始存钱！哪怕每月只存20英镑，就算10英镑也好。这样做会养成一个好习惯，还会让自己的存款慢慢增多。不然"未来的你"肯定会一直为还没存钱找各种理由，一直强调："未来的未来，我一定会开始的。"可"现在的你"，只需要稍微忍耐一下，每周五少买一杯饮料就好。

如何制定预算

现在你应该知道制定预算的必要性了吧？要是对自己的收支没有一个清楚的掌握，你就无法提前对生活的各个方面做规划，出行、家庭、工作等都会受到影响，自己中意的那件新大衣也不能说买就买，还得每天去网上查，生怕自己的尺码断了货。如果你觉得这样的理由还不够充分，不妨换个思路。诸位知道，我们周围经常充斥着那种光鲜亮丽、令人神往的信息和图片，告诉我们生活"应该"是什么样的。其实，预算可以让你知道，凭借自己目前的财务状况，究竟可以过什么样的生活，又适合过什么样的生活。那种青色天鹅绒沙发也许你攒攒钱就可以买到，但是那种俯瞰城市天际线的北欧风新公寓可能离你还有一定距离。不要理会营销文案！因为就算它们无聊得令人昏昏欲睡，你还是会受其影响，鬼使神差地掏出了钱包。

仅凭书中的一个章节，不可能覆盖有关预算的所有知识，不过其他渠道的相关资料不计其数，我会把这些年来我认为实用的资料放到本书的"资源"部分，并附上一些链接和电子资料。如果你更喜欢打印出来，这些资料在我的博客上也都能找到。本书更像是一种"蜻蜓点水"式的尝试，若你已体验过书中所列的所有步骤，建议你对自己感兴趣的内容进行拓展阅读，看看别的书里怎么说。只要找到适合自己的方法，你就一定会在财务管理上信心十足、收获满满。

这一部分信息量很大，所以别着急，慢慢看。如果你现在还没准备好阅读这个版块，可以先大致扫一眼，做个标记，之后再看。就算你决定现在看，预算制定也不是短时间内能完成的，整个过程实施起来要花上好几个月，所以这几页内容你可能要不断重温。也就是说，你即将对接下来的这几页内容烂熟于心。如果你已经对预算制定了如指掌，可以直接跳到本章的末尾部分，我分享了一些全年可用的省钱建议和针对各个季节的省钱妙招。总的来说，在预算上一共需要经历五个阶段才能最终制订出一个行之有效的计划。那咱们就开始吧。

第一步：查看自己的账户
（2周~1个月）

要是一想到查看自己当前的账户余额就开始忐忑不安，那你应该先放松下来，试一试"一日一次"的法则。找一个能享受这心潮翻涌的时刻，设定每日重复的闹钟，提醒你打开银行App，查看过去24小时的交易记录（我保证随着时间的推移，你的心率会回归正常的）。看完交易记录的你可能会急不可耐，巴不得当场制定一个冷酷严苛的预算，但是最初的这个观察阶段是必不可少的，因为你会逐渐熟悉自己的消费明细，跟踪血汗钱的各路去向。我建议这个步骤可以坚持两周到一个月，时间长短取决于你对自己账户的自信程度。渐渐地，你的好奇心会开始"营业"，想去多了解一些财务知识，多存点钱，精打细算，以致无法自拔（希望如此）。

第二步：了解收支
（2~3个月）

每天像专家一样检查自己的账户至少也有两周了，想必你已经做好准备进行下一步了吧？与其做一个研究生水平的专业表格，倒不如学着做一个简单易懂、操作便捷、方便输入和删除所有相关数据的表格。这里也需要像上一步那样对账户进行追踪，还会用到一个预算框架，不过别担心，是最简单的那种。

设定预算时，你需要考虑四个数据：每周或每月净收入（税后实际到手的数额）；每月固定支出（比如房租、房贷、水电费、交通费等）；每月变动的非固定支出（比如购买食材、外出就餐、娱乐、购物等）；还有储蓄和还贷的数目。

Ⅰ. 自己建一个电子表格（Excel或者Numbers软件皆可），在顶行输入12个月份，第一列输入不同的类别——净收入、固定支出、非固定支出，以及储蓄和还贷。建议以上个月的数据为起点开始记录。

	1月	2月	3月
净收入			
固定支出			
非固定支出			
储蓄和还贷			

---

2. 在相应表格内输入净收入。

	1月	2月	3月
净收入	£1 800		
固定支出			
非固定支出			
储蓄和还贷			

3. 打印出上月清单，给每个类别定一种颜色，并把每笔交易用相应的颜色逐个标记出来，加以分类。此处为我个人表格的一张截图：

日期	账目	数额	类型
1月30日	个人储蓄账户	£250	储蓄和还贷
1月30日	HelloFresh[1]订餐	£34.99	非固定支出
2月1日	iTunes[2]	£6.99	非固定支出
2月1日	联名账户（还房贷和其他账单）	£750	固定支出

---

[1] **HelloFresh**，德国食材订购和配送平台。
[2] **iTunes**，苹果数字媒体播放应用程序。

4. 将过去一个月内的每笔交易明细分好类之后，把每一类的数额全部加起来，得出每项交易类别的总额。把总额输入表格相应位置后，你就能清楚自己每个月的收入分配比例，有多少是固定支出，有多少是非固定支出，有多少是新增储蓄，又还了多少贷款。

	1月	2月	3月
净收入	£1 800		
固定支出	£850		
非固定支出	£625		
储蓄和还贷	£250		

5. 汇总输入完上个月的数据之后，尽量每周更新一下本月的花销，因为这样更方便在电脑或手机 App 上浏览你的账目，也可以避免把好几个月的清单都堆到一起打印。你只需每周往里面增加数字，把各项数字汇总更新，以便月末分析。坚持两三个月，你就会开始习惯并享受每周的理财过程，还能发现自己的花销规律。

生活

第三步：分析
（30分钟——这一步快多了吧！）

首先，好好斟酌一下清单。各项比例和你预想中的一样吗？非固定支出是不是吓得你眼珠子都要掉出来了？不过怎样处理调查结果就取决于你的理财目标了。在试验这一步骤的过程中，如果是我，我会避免过激的举动，因为以上清单不够细化，只是一个概况而已（所以赶紧离开购物网站，别着急买衣服）。你应该感受一下自己的内心，在这段时间好好确定一下自己制定预算到底有何诉求，把每个类别都仔细琢磨一下。如果你觉得固定支出太多，那就应该好好考虑一下要不要换个天然气或电力供应商，减少一些支出，或者，搜寻一个更便宜的住所。如果你的非固定支出比重最大，那你可能就要少下馆子，午餐时间少逛ZARA（西班牙服装品牌）了。不过对大部分人来说，一般留给储蓄的部分都不多，这一点也不出奇。但也是出于这点，我们才更需要加以权衡，看看在哪些部分可以再精打细算点儿，弥补一下存款的不足。这就引出我们的下一个步骤了。

第四步：50：30：20分配法
（2个月）

如今再去查看账户时，你应该不会再有昏厥之感了，对自己的资金流动应该也有了一定的了解。过去这么多年来，你可能第一次熟悉了电子表格的用法，心中的成就感油然而生，甚至觉得都能考个注册会计师了！现在，是时候把过去的支出记录变成真正的预算计划，并为它添上具体目标了。万金油式的预算公式并不存在，不过下面这个例子还是值得一试的，先输入你的预算，再根据需要进行调整。

一般来说，净收入的支出会分为三个部分，大概呈现以下比例：**50％**用于固定支出，**30％**用于非固定支出，**20％**用于储蓄和还贷。首先，对现有表格做出评估。此前的记录都是非常有用的信息，能帮助你调整或打造理想的预算计划。我保证，肯定不会让你从头开始，毕竟到现在，你已经足足做了近**3**个月的准备工作了。让我们看看，你之前的支出分配和**50：30：20**的理想比例有多少差距。将你1个月的固定支出、非固定支出、储蓄和还贷高亮，选择图表功能，制作出相应的饼图，你就能知道自己目前的支出比例了。把目前所有表格的数据都按月份制作一个饼图。发现什么规律了吗？各月的比例相差多吗？有没有某月支出与其他月份相比大为不同？你的储蓄比例是不是离**20％**还很遥远？

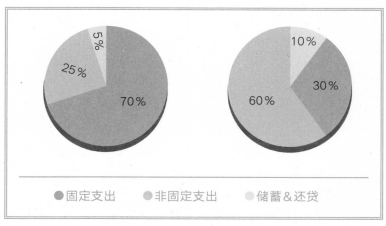

预算比例表

生活

左边这个例子中，固定支出占据了预算的绝大部分。可能是房租过于昂贵，也许可以租个小点儿的房子，或者搬到租金更便宜的地方去，削减一下这部分的支出？图中的存款比例尤其少，不过，**5%**总比一点儿都不存的好，不是吗？

右边这个例子中非固定支出占了预算的较大比重。其实，这个问题挺好解决的，因为非固定支出比重大就意味着如果减少额外支出，储蓄所占比例就会更大。

尽管记录各类别支出有助于了解总体的支出分配，但是想要知道它们的具体成因，这样记录还不够。这里，我建议你扩展一下表格。在固定支出下面加上几行，对它进一步细分，可能包括你的房租或房贷、水电煤气费、交通费、手机账单等。

	4月	5月	6月
净收入	£1 800		
固定支出	£850		
房租或房贷	£650		
水电煤气费	£100		
交通费	£40		
手机账单	£60		
非固定支出	£625		
储蓄和还贷	£250		

子类别开销表

像这样在各类既有支出中添加数据再不断细化是个漫长的过程，因为需要核算的条目不断增多，需要做的计算也越来越多。尽管如此，表格还是会起到放大镜的作用，让你洞悉自己的消费习惯。经过这种逐层递进的了解，我们就能最终确定自己理想的预算计划到底是何种模样了。

非固定支出及储蓄和还贷这两栏也是一样的。重复上一步的工作，打印出清单，把每项具体交易都分好类，标上不同颜色，合计数额，把总额输入相应的子类别中。至于子类别的具体划分，我有以下推荐：

固定支出	非固定支出	储蓄和还贷
房租或房贷	购买食材	一般存款（直接存款、个人储蓄账户等）
水电煤气费	娱乐（外出就餐、电影、酒吧等）	还贷（学生或个人贷款）
私家车相关费用		
公共交通费	医疗健康（健身房、课程、牙医、处方药等）	养老金
家庭开支（如纳税、维修费、保险等）	礼物和捐款	特殊活动存款（旅游、婚礼、搬家等）
手机和网络账单	订阅（杂志、读书会、在线视频播放平台等）	
育儿开支	个人护理（化妆品、理发、蜜蜡脱毛等）	
	购物	

子类别区分表

有件重要的事情一定要记住，完善的计划自然少不了一些灵活性。现如今，城市生活成本飞速增长，肯定有相当一部分人离50：30：20的比例相差甚远，因为这些人高昂的住房成本会让固定支出的比例增大。此外，收入也会因人而异，某些月份朋友们还会扎堆过生日（那堆9月"拼团"出生的圣诞结晶，说的就是你们！），还有些月份因为太冷而根本懒得出门花钱，所以你的花销比例不会每次都趋于完美。不过，如果你可以一直趋同于标准比例，并且大体清楚自己的钱应该花在哪儿、实际花在哪儿了的话，就已经很不错了。花两个月，把自己的支出更新到更为细致的新表格中，每周按照50：30：20的预设比例对比检查一下，记录变化。接下来，就该整理了……

第五步：量体裁衣
（贯彻一生）

现在你的预算表看起来完善多了吧？你应该可以判断出自己到底是下馆子开销大还是在家吃开销更大；有没有过度沉迷于购物疗法；打车的次数是否多得你都不想承认；还是发现电话费居然是最大的开销之一……当所有费用都像这样呈现在你面前时，问题一清二楚，无处可藏。经过如此详细的分类，你会清楚地看到哪个类别的花销需要削减一点，并更好地平衡到其他类别中去。

这时，你手中应该已经有过去两个月记录的子类别开销表了，建议你再把它做成饼状图，特别关注固定支出、非固定支出及储蓄和还贷的总额。首先，看看饼状图是否有向50：30：20的比例靠拢？其次，同之前几个月相比有何异同？每个类别的开销都稳定吗？不稳定的原因是什么呢？是旅游花销太大，还是参加朋友的婚礼和单身派对，因此送了礼？把这些情况都记录下来，下次准备旅游或参加好友婚礼前，把这类开销作为子类别添加到预算表中。目前你需要做的就是消化过去6个月记录的所有信息，并充分利用，完成一次华丽的变身，在财务方面获得前所未有的掌控感。

在预算表中添加一列：这一列将会是你天马行空的"实验区"，你可以用来计算每个类别中的数额，画个饼状图看看比例分配，做些微调，分析目前制定的预算适不适合现在的生活或者你理想的生活（我知道，"理想生活"可"深奥"了）。实在不知道从哪里开始，可以先参照50：30：20的比例。你觉得可以实现这种完美比例吗？还是目前来说有点儿困难？这是一个漫长的过程，可能会花掉你一整个下午的时间，不过还是尽量为下月的各类支出设定一个具体且现实的数字。终于，预算制定完成！

	7月	8月（建议）	8月
净收入	£1 800	£1 800	
固定支出	£850	£900	
房租或房贷	£650	£650	
水电煤气费	£100	£100	

交通费	£40	£90
手机账单	£60	£60
非固定支出	£625	£540
食物	£300	£240
娱乐	£125	£100
健身课程	£70	£70
付费订阅	£30	£30
购物	£100	£100
储蓄和还贷	£250	£300
个人储蓄账户	£250	£250
节假日存款	£0	£50
总余额	£75	£60

预算表

在8月的预算建议中，交通费稍微增加了一些，因为8月是盛夏，走路太热，适当地增加预算就可以每天坐车了。虽然这样固定支出比例占到了50%，但是涨幅还是可以接受的。非固定支出在减少食物开销后有所下降（只要简单地计划一下饭食，或每次多做些并储存起来就可以轻松地减少开销），娱乐的部分也略有削减，这样就增加了储蓄的金额，可以适当存钱，为即将到来的周末城市之旅做好准备。我还在最后添加了一行，记录下支出的剩余金额。能剩下些钱总是好的，有备无患，还可以添加到下个月的储蓄和还贷中。

要是你实在不知道如何去平衡各项支出，尤其是固定支出这一栏，只要记住，控制好90%的支出就可以了。如果房租太贵，那估计是时候该搬家了。如果下馆子太多（是我），那就尽量多在家吃几顿。如果你储蓄的部分只有可怜的5%，那就看看能不能从其他两类中省出来点儿钱，填补填补这一块。要是5%已经是你目前的极限了，那也宽心接受吧，总比一点儿都不存的强。每个人的情况都不一样，所以做些调整也无妨。找到合适的预算平衡需要一个长期的调整过程，可能第一个月的花费远低于预算，而下个月就大大超出了。如果50∶30∶20的预算分配法不适合你，那就推翻重来，制定一个新的分配比例。记录自己开支的时间越长，就会离理想的财务状况更近。比如现在你每月的预算中只有50英镑可用于个人护理，那你就会清楚，下次比基尼蜜蜡脱毛安排在4周后恐怕是不行了，得8周后了。预算表会提供一个架构，明确你的每项支出。我们不是要追求尽善尽美，你只需要对自己的财务状况有所掌握，而不是被它牵着鼻子走就好。

我目前的预算

下面是我目前的预算比例，可以看出，我仍然在努力更好地平衡开支。

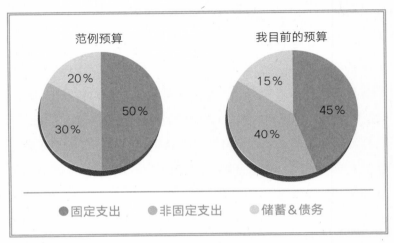

预算比例表对比图

●固定支出　我们通过更换能源供应商，购买手机卡套餐，不再月供手机，避免了升级新机的坑钱陷阱，减少了账单的金额。

●非固定支出　这是我需要削减的部分。我订了太多次外卖，下了太多次馆子，买了太多双古驰乐福鞋（不过说真的，这是多好的投资项目啊！我们之后还会谈到的）。

●储蓄　这部分的比重是我需要增加的，我也要在这一部分里好好实践我提到的那些方法。我想对现在的自己说，坚持住！我已经设定了自动扣款，每月都直接存钱到储蓄账户，而避免把钱花得分毫不剩。

言归正传

我想先简单地向和我一样从事自由职业的伙伴们致意一下，因为为自己打工的这 7 年间，除了了解到每日不停吃零食可以提神醒脑外，我还学到不少其他东西。首先，得为自己找一位会计师，要称职，能及时回复消息，愿意不厌其烦地给你解释有关钱的事情，还与你建立信任，能在各种财务问题上给你出谋划策。可以问问朋友，或者向从事相关领域工作的专业人士寻求推荐人选。要是你还在纠结，可以上网浏览一下评论（比如 **unbiased.co.uk** 这个网站，就可供搜索英国注册会计师的信息）。虽然我觉得最好可以面对面地了解一下，但是你得先用尽一切办法找到一个人再说。如果你刚刚起步，还负担不起一个会计师，可以尝试一些在线会计软件，虽然大部分需要付费，但极大简化了记账过程，方便跟踪分析。其次，报税、交税永远要及时。本来这些钱可以买零食吃的，交了罚款可就太不值当了。

无论是自己当老板还是为别人打工，规划一下未来总没错，这听起来有些指手画脚的意味，但是忠言逆耳。现在你可能没有买房的计划，但过几年很有可能会为此而苦恼，所以咨询一下你的会计师，要是想过些年成为有房一族的话，最好应该怎样规划，怎样制定预算。对了，别忘了再聊一聊养老金。还有，一定要记得留点钱去逛园艺市场！哈哈，逗你的啦！我现在每个月只逛一次园艺市场了。

预算制定超强贴士

● 买个计算器。我知道这有点儿像中世纪的传统，但是决定了要制定人生中第一个预算后，我就真的立马在亚马逊下单买了一个计算器，前后不过两分钟左右。我从手机App中找出我的消费金额，敲进计算器里，然后记录到电脑的表格里。的确，这一系列流程都能在电脑上完成，但是我觉得面前同时罗列三个不同的界面是最快捷的方式。

● 为了了解个人支出的每个细枝末节，你也许会把花销分成50多种不同的类别。但是我建议开始的时候在3个大类下最多再分5~7个小类，这样一来就不会太晕头转向。如果你喜欢看到支出明细，那么银行对账单就是专门为你而存在的。

● 记录支出的过程可能一开始会花很多时间。把它添加到日历中去，像对待正式会议一样，优先处理，并且尽量每周都更新一下数据。月末再做这件事并不明智，因为那时往往堆满了要到截止日期的工作内容，很难挤出时间，大家也都刚领完薪水，社交活动也随之频繁起来了，总忍不住花钱。

- 记住要灵活。毕竟，预算只是一种指导。把它当作一位帮助你的朋友，一位非常节俭的朋友，过去10年间没有买过任何超过10英镑东西的朋友，所以你坚定地认为他如今肯定悄悄攒成个百万富翁了。如果非要再赋予预算什么意义的话，它还是一个指示器，提示你生活中有哪些方面需要整理一下，需不需要搬家、要不要提出升职、找一个通勤花销没那么大的工作、或者提醒你为什么和快递小哥成了最好的朋友。

- 简单讲讲怎样买东西犒劳自己。我们都喜欢美好的东西，不过时不时也需要些稀奇古怪的东西来提振精神。詹妮弗·洛佩兹歌里唱到她的"爱情是无价的"，有时好的奖励亦是无价的。如果你想要的是某个特别昂贵的包、某条裙子或者去某个地方度假，我建议你提前存钱，在储蓄和还贷一栏里添加一行作为自己买某样东西的"专项基金"。一般来说，衣服穿得破旧不堪了我们才需要换新的，或者是家里需要添置物件了我们才会购物。其他时候，我们可能只是想在午餐休息时去商场买件上衣，不为其他原因，只是觉得这一刻该犒劳一下自己了。为了应对这种情况，我建议在非固定支出下添加一行以备不时之需，比如旧物换新，或者其他零七八碎的必需品。另外，再添加一行记录非必需购置品，也就是愿望清单。哪怕这部分只有20英镑的预算，只够回家路上买支口红的也无妨。如果月底这部分钱没有花掉，那就可以存入储蓄。

● 毫无疑问，最容易超支、最折磨人的类别非非固定支出莫属了。看看它的名字就能想到原因了——非固定！为解决这个问题，我有一款App要推荐给你。英国蒙佐银行推出了一款预付卡，可以将所有非固定支出分类，制作成简明易懂的数据解析，并在手机上查看。这不仅方便了我们在预算表中添加数据，还可以让我们实时查看支出情况。我丈夫马克领完薪水后就会把所有的非固定支出预算打到这张卡里，用于下个月的消费，他可真是个小机灵鬼。

简单的急速省钱法

翻看杂志、浏览博客和推特推文时，你看到过多少次标题类似"简单的急速省钱法"的文章？我猜至少有两位数吧。再想想有多少次你真正读了、消化了这种文章，多少次接受了其中的建议并付诸实践了？我猜次数会更少吧。我们为什么总会忽视最终的实践呢？当然，肯定也有特例，但是大多数人都会忽视文章中提到的省钱方法，或者根本懒得去实践。事实上，我们不需要大刀阔斧地改变什么，只需要在这里或那里做些改变和微调，一年下来就可能为自己省下几百英镑。你一直以为自己没钱去做个水疗，车险的钱也一直是东拼西凑，甚至不敢和家人去高档餐厅吃饭，省下这些钱后，这些都不在话下了。

那么，这一次，让我们开始践行以下方法，争取旗开得胜！当然，这些建议不一定对每个人都现实可行，但是如果支出总是超出预算的话，为何不现在就选一条建议试一试呢？从现在开始，在下面的这些建议中选一个作为你的省钱准则吧。很快，你就会看到自己的钱包慢慢鼓起来，不知不觉中，你也会成为那个对着小伙伴大谈经验的人，周五晚上的酒吧聚会上，你总会拉着他们絮叨积分卡的种种好处。

少喝咖啡

这是个经典的省钱建议。上班路上少喝一杯咖啡，一周下来可以省下 10 多英镑，这就相当于一年省下了 520 英镑。简直可怕！

你可以在家自制，或者随身带一瓶到办公室，甚至可以在办公室准备一套冲咖啡的工具。如果你实在戒不掉上班路上买咖啡的习惯，那就买一个可以重复使用的杯子。这样不仅可以帮你每杯省下 50 便士（约 4 元），还能为环保做些贡献。

远离俱乐部

把从来不用的会员都退掉吧。最常见的一种就是健身房会员。对于像我们这种连髋外展器械长什么样都不知道的人来说，退掉健身房会员是首要任务。把会费存起来，或者拿去参加一个你真正喜欢的课程（如果你真感兴趣，直接购买一整套课程，这样往往会便宜些）。其他不再使用的会员或者订阅服务也考虑一下要不要取消。你订阅的杂志是不是都两个月了还没拆封？如果是，直接取消！你买的生鲜是不是都堆在冰箱的角落里，一直没时间做来吃，到头来都变质了？取消！查看一下 iTunes 账号后台是否有可以取消的付费订阅，再检查一下银行账户有没有直接扣款的服务，毫不留恋地取消掉。

爱上清单

这一点在我们之后的整理之旅中还会详细谈到。购物时，无论是买食物、礼物或衣物，永远都要先列清单。如果你看到特别喜欢，但原本并没有打算买的东西，先不要买，考虑两天再说。暂停一下，别冲动，思考一下自己到底需不需要这件东西，再查看一下自己的预算。一旦购物的冲动过去，你很有可能就不想买那件东西了。

放弃手机换代

将支出都分好类，制定好预算之后，除住宿和食物外，手机账单很可能是你较大的开销之一。所以，与其每次都翻新机型，不如保留旧的手机，购买一个无需手机分期合约的电话卡套餐，这样通常会比原来的套餐便宜一半。没人在乎你的手机用了多少年，也看不出来你手机的具体型号（至少我是看不出来）。我知道这像是在听奶奶絮絮叨叨，但要是现在的手机还能满足你的使用需求，各种功能都运转正常，那就先用着吧。而且，从这一项省下来的钱可以用到预算的其他部分。

退订黄金时段节目

你是不是一直都只看网飞的节目？还是你更喜欢亚马逊的金牌会员视频服务？如果你压根儿不看电视的话，就退订电视订阅服务，把电视卖掉吧，好省下电视收视许可费 [批注：我承认这的确有点儿极端了，我自己也做不到，因为我是绝对不会落下一集《英国家庭烘焙大赛》（一档烘焙类真人秀节目）的。不过对手头紧的学生来说，这是个好建议]。

掌握促销信息

促销时购物可不是个简单活儿。买打折的东西一方面你可以为自己省下不少钱，去买心动了好几个月但价格不菲的东西；另一方面，这也可能是一种冲动购物。你可能小花一笔买了一件打折的亮片上衣，在更衣室试穿时非常完美，但冷静下来就会发现自己有些后悔了。可能你还买了一个脚凳，虽然价钱便宜了 1/3，但是和自家客厅并不协调。关键在于，有的东西虽然半价出售，但是剩下的那一半价钱还是真实存在的。促销价是比建议零售价便宜了一些，但你仍然要自掏腰包。因此我建议在去"血拼"之前，列一个清单，严格遵守，仔细想清楚自己的衣柜和家里缺什么，对照预算思考一下自己愿意花多少钱，然后好好照做！不在清单上的东西就别动心思了！把收据也都好好保存起来，万一回到家忽然发现自己做了错误的决定，也有计可施，不要因为客户服务太糟糕而耽误了正事儿，忍一忍，赶紧去退货吧！

成为常客

在经常光顾的商店注册一张会员卡。有的会员卡没什么用，但是有的可以帮你在食物、汽油、旅行、化妆品等方面省下不少钱。所以我建议在你常光顾的超市、常去的加油站、常乘坐的航空公司注册一下会员，再申请一张博姿（Boots，英国医药类连锁店）的积分卡。积分的过程可能会长达好几年，但是只要你一直都在博姿购买化妆品的话，可能那瓶心仪已久的香水就可以免费获得啦。

按季省钱

一年四季都坚持省钱的确很好，但是有些月份确实要比其他月份花销更多一些。所以如果你感到手头有点儿紧了，按季节调整预算也是不错的选择，看看哪些月份可以省下些钱来，等到了你手头较紧的月份，就可以用这些钱来平衡支出。

春季

- 把假期收到的所有礼品券都筛选一遍，在日程本上记下每张礼品券的到期时间。这样一来，你买东西就不会错过任何折扣，不要让那些礼品券积灰，这样会让商家伤心的。

- 春天，英国周边一些方便前往的旅游胜地大多处于淡季，尽管这不是传统意义上的省钱，但是如果你出游想少花点儿钱的话，那就把时间安排在春天吧。

- 春季大扫除时，把不想要的衣物、饰品放到网上卖，赚点小钱。你那些破烂儿可以放到Depop（英国二手社交购物平台）或者脸书的Marketplace这样的二手交易平台上来卖，奢侈品就放到Vestiaire Collective（法国二手奢侈品电商平台）网站上，这个网站广受设计师喜爱，可以帮助买主鉴定商品，然后打折出售。

夏季

- 如果你坚持在夏季出游，那买东西时可以好好利用一下topcashback.co.uk（英国购物返利网站）。每笔交易（比如住宿、机票、旅行保险等）都有一定百分比的钱款会直接返回你的账户。

- 旅行的准备工作都做好了吗？行李也打包好准备随时出发了？一定别忘了也为旅行制定一个预算，想清楚出发前要换多少外币，别等到了目的地机场再现场发挥，胡乱想一个数字出来。

- 夏季向秋季过渡的那几天可要好好利用，因为那阵儿还很暖和，可以进行些户外活动，不过也得控制下此类娱乐活动的预算，可以选择在自家后院烤肠、在公园野餐，或者带着午餐去乡间散散步。

秋季

- 如果秋天家里有点儿冷的话，可以利用这个季节做好防寒准备，别被忽然来袭的冷空气打得措手不及。划出些预算请屋顶工给公寓阁楼做一下防冻处理，如果窗户有些老旧，也一并询问一下翻新的报价，然后买一些含隔热层的遮光布，再在门上安装些防风条。

- 10月极其适合开展一些与健康相关的活动，不仅能帮助你调理身体的内部机能，也可以减少非固定支出中的很多花销。"十月戒烟"是英国国家医疗服务体系每年一度的全国戒烟活动，还有"十月戒酒"的活动，其目的也不言而喻了。如果你想在烟酒方面减少支出，那么秋天是开始行动的最佳季节。

- 这条建议有点老调重弹的感觉，但还是要在秋天提前制定好圣诞节相关的预算，把预算分配到接下来的4个月中，而不是堆积到某一月。我说的预算并不只是买圣诞礼物，还包括圣诞节派对、食物、酒水、想买的衣服、装饰、冬季婚礼、新年前夕的计划等所有开销。

冬季

● 提前做好打算，早早地准备好圣诞贺卡，用二类邮票（英国邮政分为国内一类邮件、国内二类邮件和欧洲邮区邮件三个等级，二类邮票投递时间较长）寄送，好省点儿钱。这样的改变看似微不足道，但是一类邮票是真的贵。如果你要寄的卡片排列起来比胳膊还长的话，一定要去买二类邮票！

● 如果想找个方式省下买礼物的预算，居家烘焙是个很受欢迎的法子，比如一大罐水果馅的有节日气息的姜饼、一盒自制的薄荷巧克力。我基本上会多做一些带在身上，好随时给别人回礼。

● 如果你的家庭成员很多，或者只是想把圣诞节的成本减少一些，试试"秘密圣诞老人"的方法。所有家庭成员从帽子里抽出另一位成员的名字，制定一个预算，只用于为这个幸运儿一个人买礼物。我们家虽然只有五个人，但是这个方法的确帮我们缓解了挑礼物时的压力，我们还会互相猜猜都抽到谁，最后总能让我们笑出泪花。

有些季节的花销注定比其他季节多，但是只要提前做好准备应对季节更替，无论天气如何，无论什么重要节日将要来临，你的预算计划都可以顺风顺水地推进。

作者有话说

在"整理人生"这个宏大的计划中，制定预算是一个内容庞杂的主题，因此我不想寥寥几笔带过。我希望可以达成我的初衷，让大家对有关金钱的所有内容有一个基本的认知，下次再去查询银行余额时，你就会知道如何从容应对，不再心悸了。

要是已经决定全力以赴制定一个预算，那么就请耐心些。书中的其他方法都可以直接实践，并且能立马见效。但制定预算需要"小火慢炖"，花越多的时间去琢磨，你对自己的理财技能就会越有信心，进而产生最好的理财效果。

制定预算本质上是个权衡的过程，而且很难每次都达到完美的结果。即使有些地方失算了也无妨。你可能会去更换手机，花了整月的服装预算买了一件无法干洗的奇葩大衣（绝对不是在说我自己，我才没买过那样的大衣呢），但重要的是要知道，今天你像玛丽亚·凯莉的音乐短片中那样挥金如土，不意味着明天你依然要这样过活。

从哪儿跌倒，就从哪儿站起来，反思一下自己损失了多少，想出一个再次恢复平衡的法子，这篇儿就翻过去了。

希望用上我本节所讲的方法后，你能知道如何掌控支出，如何制定预算。不过，记住在此基础上整理出一个适合自己的方法。说到这里，是时候该把注意力放到自己身上了……

自我关爱：
学会好好爱自己

线索就藏在标题里：要想最大限度过得高效、活得满意，我们必须照顾好自己，所以借本章用来聚焦自己，重视自己的心理健康，培养提升幸福感的习惯吧。

尽管"自我关爱"看上去像是一句营销文案，就像为了推销高档浴盐和羊绒袜而发明出来的，但我劝你相信这"天花乱坠的炒作"（也相信羊绒袜将会是你买过的最想让人翻白眼却最物有所值的东西）。在"整理人生"的计划中，"自我关爱"体现在能让你的幸福感更上一层楼的日常活动、行为举止、生活习惯等方方面面。"自我关爱"甚至还包括管理好自己的预算和日程，这些事情做好了，你就不会那么焦虑，也能安心睡个好觉了。通常这个主动权掌握在你自己手里，无论外界风云如何变幻，你都能按下暂停键，远离喧嚣，给自己的内心充个电。"自我关爱"不仅是提升健康水平、快乐值和整体幸福感所需的重要技能，也是我们清除杂乱思绪的基础，帮助我们变得更高效、更积极、更有成效。好了，"自我关爱"号列车就要出发了，请您抓紧时间上车。

有件重要的事咱们先搞清楚：我们身边存在着这样一种刻板印象，认为"自我关爱"是种顶级奢侈，只有富人和名人才能享受，他们穿着毛茸茸的长袍睡衣，用骨瓷杯没完没了地喝催吐草药茶，还是灌肠减肥一族。然而，对于一位已是两个孩子的母亲来说，"自我关爱"的定义也许就是把自己锁在厕所里两分钟，快速浏览一下最新的八卦新闻，享受那120秒的平静。或者是你也许在破晓时分就开始工作，这个点去健身房也不可能，所以工作完成后，就在电视前做了一组室内瑜伽。对一些人来说，"自我关爱"是独处，可对另一些人来说，独处却是炼狱，只有晚上和朋友出去玩一趟才能让自己"满血复活"。然而"自我关爱"背后的逻辑在于它能或多或少给你部分时间，去做一些能让你蓄积能量的事情，方式可以多种多样，只要适合自己就行。这才是唯一的目标。

自我关爱的四大支柱

真正关爱自己，就是尽管会为工作琐事劳心费神，但每周都要雷打不动地泡一次澡，然后什么也不想。仅仅如此还不够，我们还要再向前迈进一步。我觉得以下四大支柱是我们应该关注的：

心理健康

良好睡眠

健康饮食

体育锻炼

我把心理健康放在了第一位，因为它是"自我关爱"最重要的方面，不许质疑！多倾听自己的声音，对自己好点儿，让自己歇息片刻，感受当下，并思考为何会如此。若得一夜良好睡眠，精力绝对好过昨天，这一点也是不言而喻的。可要是你一门心思只想吃麦当劳的"培根蛋麦满分"，那健康饮食对你来说可能就只有苦不堪言了。但如果所吃的食物是新鲜健康的，再加上其他三个支柱"四管齐下"，我们的身心健康就容易达到最佳状态。碧昂丝就是健康饮食的典范。最后，我把体育锻炼也算了进来，因为它可以提神醒脑、有助睡眠、提振食欲。发现了吧，"自我关爱"就是一整套大齿轮，环环相扣，牵一发而动全身，只要其中一个方面初见成效，其他方面也都会产生积极的连锁反应。

说到"自我关爱"以及如何将其融入生活的问题，习惯才是制胜法则。实际上习惯就是我们需要达成的目标。一旦顺利养成使人平心静气的某种习惯，压力管理也就容易许多。只要养成定点睡觉的习惯，到时间就会眼皮发沉，美梦便也主动来敲门了。要是能把每周采购食材和做饭也变成日常习惯，健康饮食的习惯也就水到渠成了。同理，体育锻炼也可以这样慢慢融入我们的生活，就算变得难以割舍也不足为奇。

实际上，能做到这些就已经很难了。生活是一个不断整理的过程，我们不太可能让自己每时每刻在每个方面都能做到完美，不完美也完全没关系。其实每晚早上床 20 分钟，睡前花一点时间想想一天的起起落落，提前准备好早餐为早晨省点儿时间，提早一站下公交走到公司，光是做到这些就已经难能可贵了，不是吗？我敢打赌，在"自我关爱"上做出些小改变，不仅不会占用你太多时间，还会让你感觉自己的各个方面都变得更加井井有条。

"自我关爱"用不着你从日程中抽出整整一天（不过如果你已经累得不行了，那就另当别论，要听听医生怎么说了），也不需要你从预算中不停往外拿钱，但的确需要对自己做些投资。这样一来，你可能自己还没意识到，就把这些"自我关爱"事项——完成了，然后可以小小回味一下自己的成就。你是不是遛着狗还能听听播客？棒！要求自己晚餐一定要吃点绿色蔬菜？好极了！午餐时间溜到休息室读本书？好样的！（顺便问问，什么书这么吸引你啊？）"自我关爱"不需要装腔作势，只需要你做出些小改变，聚少成多，最终就能让你在日常生活中活力四射。

心理健康

来，咱们好好聊聊心理健康这个问题。2016年英国国家医疗服务体系资讯中心发布了一项《心理健康和幸福调查》报告，其中显示英国有1/6的成年人符合常见精神障碍的诊断标准。庆幸的是，人们对待心理健康的态度正在不断向积极方面转变：心理疾病污名不再，开诚布公的心理咨询受到推崇，各方面的援助也都应有尽有。

有些时候，我们这一周过得不太痛快，似乎无法集中注意力，什么都不想干，只想泡个澡，蜷缩在床上读读书。周五到了，终于有机会来个泡泡浴，翻翻手头的书，然后世界就又一切安好了。也有些时候，糟糕的一周会变成糟糕的一个月，接着又变成一年。日复一日，迷雾越积越厚，无论泡多少澡，早早上床读多少书都无济于事了。在这些情况下，我的建议就是聊天。朋友、家人、工作伙伴、专业人士、医生，和谁聊聊都可以，只要你感觉舒服就行。重要的是，我们要明白，有些时候，光点个蜡烛、穿上柔软睡衣是远远不能解决问题的。这些简单的"自我关爱"再加上"人生整理"可能会帮你抹去生活中的些许黑暗，但通常专家建议和后续帮助才是助你摆脱困境的最佳途径。不过，我还是要给你无限的爱和大大的拥抱。

如果要聊点"无趣却又不得不提"的事情，咱们就来谈谈压力。是的，没错，这是陈词滥调了。但很不幸，压力和我们是"老相识"，要么是我们自己正在经历这种感觉，要么是死党打电话诉苦说他们压力太大，喘不过气了。这虽然听起来像"80后""90后"的"无病呻吟"，但仍需要我们认真对待，学习如何管理压力，避免其扰乱我们的日常生活，或造成身体上的伤害。让我们一起努力，保持心理健康吧！若精神和情感负担太重，压力感就随之而来，处理这种压力，每个人的方式不尽相同。可能某件事对有些人来说压力太大，需要在电话里向另一半哭诉，而对其他人来说，那可能完全不叫事。将这些"自我关爱"的方法运用到生活中，摸清自己的临界点和承受度，然后以恰当的方式整理日常活动，平复外界喧闹带来的心理波动，以此找回内心的平和，远离压力。

处理压力没有万能的方法，如果我在此针对数以万计可能会遇到的情况为诸位一一提出建议，那纯粹就是在白费口舌（这件事本身听起来就让人压力倍增！）。所以，我推荐你在下次感觉压力快要袭来的时候，不妨采取以下步骤：

1. 停下脚步，想想你为什么会有想要逃避现实的想法（无论原因有 2 个还是 200 个，都要好好罗列清楚）。

2. 回过头，梳理一下这些原因。是不是担心有的事已经失控，你束手无策，只得放手？是的话，把它们划掉吧！这些都是精神包袱，需要清理出去。有没有是你能做出改变的？有的话那就太好不过了！把它们高亮出来。

3. 针对每点原因制订行动计划，参考过去用过的有效方法，或者你想尝试一些新方法也可以，来击破你的不良情绪，至少把情绪值调回可控水平。

4. 感觉好点了？不错！继续实施你的行动计划吧，日程表上写好待办事项，日程本上标好日期，然后开始干正事。要是感觉压力在慢慢消失，暂时退出了你的大脑，放松歇会儿也未尝不可。

我是那种典型的老觉得自己忙不过来的人，所以只要看见日程本上有大量的约会要赴、截止日期要赶、会议要开，我就会抓狂。我知道，对于行程满满、截止日期将近、会议无止境的人来说，抓狂可一点儿忙也帮不上。这种情况下，我会用下面的方法减压，用现在年轻人的话说，就是让自己"佛"了。实事求是地讲，这些老套方法对我来说无敌管用，所以尽管这些不是什么新鲜玩意儿，但效果还是不错的……

我钟爱的五种减压神器

一本好书

直到去年，我才真正重翻书架，拾起阅读这个爱好，那个在世纪之交痴迷于《甜蜜高谷》的十一二岁的小孩好像又回来了。当然，虽然上学时我就是那种招人讨厌的老师面前的红人，但我的阅读习惯在 2018 年才真正养成，那年我制定了一个新年计划，挑战一年读完 12 本书。最后，我沉浸在书海里不能自拔，所读之书数量几乎比计划翻了一倍。我不仅因此养成了睡前阅读助眠的习惯，还得以逃离喧嚣、放松身心。要是不读书，我可能就会漫无目的地刷着手机屏幕，碰到有意思的动图就发到好友聊天群里，群名就叫"可爱动图"。在当今世界，充斥着 240 字推文和简洁有趣的 5 分钟文章，而图书可不一样，阅读可以帮助我把注意力集中在一个长篇任务上。阅读纸质图书带来的效果和盯着电视看可大不一样，晚上睡觉前通常也是我一天中唯一能专心致志长时间阅读的时光。

晚上在家做个 SPA（水疗）

减压神器怎么能少了做 SPA 呢！而且讲真的，谁泡澡的时候不喜欢假装自己在做 SPA 呢（除了泡澡时不听鲸鱼白噪声，而看《粉雄救兵》真人秀的人）？对我来说，没什么能比得上 SPA 了。我要求自己每周只能享受一次"SPA 时光"，因为我们还是要节约用水、保护地球。不过，在这每周一次的宝贵时光中，我可是"全力出击"。修脚、剃腿毛、抹发膜（然后冲洗干净，感觉自己在拍对抗头屑、秀发飘扬的广告），用水湿润全身、去角质、敷面膜，最后以重头戏——一套干净舒服的睡衣作为结束。我明白这个流程听下来感觉很漫长，但慢下来才是重点。正如电影《密歇根五虎》告诉我们的那样，花点

家中SPA必备品：

- 浴盐/浴油
- 修脚工具/身体去角质用品
- 身体护理油
- 发膜
- 面膜
- 面部精华/面部护理品

时间来保养一下自己，不仅有助于减缓焦虑，还能增强自信。要是头发油得能煎蛋，手上涂的指甲油只剩1/3，我会感觉特别难受。把SPA提上日程，尽可能泡久一点，把压力通通泡走！

一顿大餐

这一点不一定每个人都赞同，因为我知道，对一些人来说，做饭就是个彻头彻尾的负担，我懂。有时我也会没心情做饭，所以就点个达美乐比萨，让中份意式腊肠比萨配蒜香蘸汁投入我的怀抱！不过，兴致大发的时候，我也会挖掘一下自己内心像厨艺女王奈洁拉的那一面，把一大块生肉和一堆蔬菜变成一份佳肴，让所有吃到的人都喜笑颜开，这个过程还是相当有意思的。当然，不是所有时候都能按计划进行的。有时候，我烤三文鱼片的"精湛"手艺和我爸的黑暗烧烤技术有一拼（不好意思哈，爸！），蒸

出来的米饭总是因火候不够而硬如石子，碰到这些我就会气得像电影《真爱至上》里的玛汀·麦古基安一样，破口大骂。但是，要是手头有个计时器来掌握火候，厨艺也"在线"的话，我就会每天做饭，这样能帮助我关闭工作模式，彻底放松下来。

轻松舒缓的锻炼

让人流汗到融化的高强度锻炼是要分时间和场合的。大脑装了太多丝毫未动的待办事项，感觉要炸了的时候，慢节奏的锻炼习惯才是完美解药。普拉提、瑜伽、游泳、户外散步等运动，都可以让你远离手机、邮件、日程等一系列压力来源。而且，慢节奏运动强调大脑活动，注重呼吸节奏，所以你就得专注，自然没空闲胡思乱想。要是你习惯每天做上两位数的波比跳，我也能理解慢节奏运动对你来说应该挺无聊的。不过你可以选择晚上8点做个普拉提，然后再做一会儿冥想，让你放松到流口水，不错吧！

日程安排

有些时候，你会觉得任务清单重重压在肩膀上，虽然不符合物理定律，但这种感觉却来得实实在在。是吧？姐妹，看我多懂你！但这种情况光靠浴盐泡澡、做顿大餐撒点蒜盐是解决不了的，我呢，会选择继续执行自己之前制订的行动计划。打开子弹笔记，拿起日程本，制订下一周的计划。这种解压方式谈不上多有意思，但是我确实发现，白纸黑字写下一个明确的行程计划，纷乱的待办事项就会逃离大脑，转变成一种真正有帮助的形式。还有个建议，就是别花好几个小时来整理一份面面俱到的清单，而应该每天只把精力集中在两三个必须要完成的优先事项上，这样所有事项才更有可能——完成。

看出来了吧，在减压方面，我是个传统的姑娘。你可能觉得我列出的这5种方法都不适合你。也许你喜欢敲架子鼓来解压，直至惹得邻居们不堪其扰，在自家草坪前挂上"房屋出售"的牌子才肯罢休；也许在拳击课上对着人形沙包或者拳友大展拳脚更像你的风格。但是有一个减压策略要告诉所有人，不管在哪儿都应该定期使用，那就是"数码排毒"，行动起来吧！

如何应对网络重压

我是个手机控。手机走到哪儿带到哪儿，但一天至少还是会丢两次，比如放在家里的某个地方然后就忘了，这时心脏的跳动速率是我在健身房都很难达到的。我觉得，这也算是种有氧运动吧！我知道同样的情况肯定不止发生在我一个人身上。小时候，手机上吸引人的只有贪吃蛇和彩铃，所以手机不会像现在这样充斥我们的生活。如今，手机用音频、视频和可爱狗狗的滤镜将我们和整个世界联系在了一起。它可以告诉我们今天下午天气如何、昨天走了多少步（我刚看了下，只有可怜的428步）、饮水量是否达标、当前账户余额、在新城市如何从A地走到B地、股票和股市情况如何（这个功能肯定最不常用吧？），还能告诉我们点的外卖到底到哪儿了。

所以实话实说，尽管手机是交流的好工具，但它也明显加深了我们的压力感和负担感，还是拖延症的一大元凶。

我们也许有点儿太过于依赖手机了，大家应该都同意吧？

- 是不是手机一天充一次电还不够用？

- 是不是不时就得拿起手机看看，没听见提示音也得拿起来扫一眼？

- 是不是上厕所也手机不离手？（真恶心，但我估计95%的人都有这毛病。）

- 是不是边吃东西，边看手机？（结合上一点，很有画面感吧。）

- 看电视时还拿着手机？

- 手机在手里的时间比在包里或口袋里的时间还要多？

思考一下这些问题，要是中了两点及以上，欢迎加入手机控俱乐部！

我最近下了个叫Moment的App，它可以记录你每天拿起手机的次数和花在手机上的总时间。我的结果嘛，惨不忍睹。（苹果手机现在可以自动记录这些数据了：从主页向左滑就可以看到你的屏幕使用数据。）在工作日，我每天总共最多可以花6小时弓着背盯着手机。不过在周末和节假日时，时间就会减少到1~2个小时，这个数字就容易接受点儿了。当这些数字清清楚楚摆在眼前，我才深刻意识到我需要立马开始"数码排毒"，和电子产品保持一点儿距离了。这些日子，我尝试一天只用2个小时手机。2个小时对我来说已经足够可以和朋友们聊聊天，并搞定所有需要用手机完成的工作，而自己也不会有过度依赖手机的感觉。下载一个手机时间管理软件吧！记录一个星期之后，看看自己的数据是什么水平。现在，你是不是也觉得自己需要马上开始"数码排毒"了呢？

"数码排毒"就是要在一段特定时间内快速戒掉对科技产品的依赖。没错，科技指的就是手机、电视、广播、电脑等一切把我们与外部世界联系起来的东西，要把这些东西通通关掉。仿佛又回到了9岁的时候家长不让你看尼克少儿频道时一样。我一个小女生，能有什么办法？但就算只有2个小时，"数码排毒"所带来的好处都是显而易见的。远离那剥夺睡眠的蓝色手机屏，就是远离了邮件、短信的烦扰，以及群聊里34个人的信息轰炸。这样，你就有时间发展兴趣爱好，做点儿想做的事，或饱饱睡上一觉，不受打扰。"数码排毒"是切断联系的最好方法，这样拿起手机回归网络世界时，就会感觉到指尖在屏幕上的滑动更具快感，灵魂里也能量满满。

两年前，我进行了第一次"数码排毒"，把手机关机放进床头柜，度过了一个远离电子产品的周日。那天早上，我一直睡到10点，然后就心里痒痒特别想开机，为此动摇了好一会儿。但我选择坚持之后，和家人度过了一整天，玩了棋盘游戏，泡了一个巨长无比、差不多能达到世界纪录的澡，翻了翻床头柜上落满灰的杂志，那些杂志都是大约半年前的了。那晚，我酣然入梦，次日起来，一种奇怪而强烈的感觉袭来，好像自己再也无法把手指放到手机上了，这种感觉也太爽了吧！自那之后，只要工作和计划允许，我就会尝试"数码排毒"。只要条件允许，大家都应该试试，不许找借口拒绝。

如何享受地完成一次"数码排毒"

1. 把"数码排毒"列入日程。一周7天，找出一个最适合自己的日子（最适合我的是周日）加进日程中，一月一次，或者你想多安排几次也可以，这样成功率就会更高。因为时间一到，日程提醒就会跳出来直勾勾地盯着你，告诉你该"排毒"了。一旦进入状态，你甚至可能会想"一不做，二不休"，直接整个周末都告别手机。

2. 安全第一。将自己的"数码排毒"计划告知亲近的人，把座机电话给他们，必要时方便他们联系你。但是，现在大家家里还有座机吗？反正我们家有没有我不确定，得瞧瞧去。不管怎样，告诉那些可能联系你的人，以免他们找不到你会担心。别担心，重新打开手机后你可能会发现根本没人给你发消息，我就是这样。事实证明，"数码排毒"也能让过于自我的人清醒清醒。

3. 制订计划。"数码排毒"开始之前，建议你制订一个计划。把这一天都花在社交上是个保险的方式。无论你决定跟谁度过这段时间，都会是一个双赢的局面。要是你觉得跟一个带着手机的人出去会让你心里痒痒，不如跟爷爷、奶奶、姥姥、姥爷、爸爸、妈妈这些不怎么依赖电子产品的人一起，毕竟他们顶多用平板电脑看看新闻、查查天气而已。不过，和朋友一起出去会让你大开眼界，让你知道你们平常有多少时间是一边面对面聊天一边偷偷摸摸发着短信，聊天时又花了多久来聊网上的照片、表情包、动图和热搜排行榜。如果这是你第一次尝试"数码排毒"，不妨选择前者，跟长辈一块儿相处，锻炼一下自己的忍耐力，等你到了手边满是电子产品也不受诱惑的境界，就大功告成了。

4. 找找不用手机的活动。"无手机日"到来的时候，准备一些老式的游戏是不错的，这样你就不会手心发痒，想碰键盘。个人认为，拼字游戏、桌游、棋牌游戏等都是家庭游戏的佳选，可别小瞧了它们。泡澡也是消磨时间的一大选择。点支蜡烛，把泡沫抹在脸上当胡子，一个晚上就这样过去了。另外，户外活动也乐趣无穷，等你探索；圣诞节收到的那些涂色书还没用过？赶紧拿出来上上色吧；一直想写本小说？赶紧拿出纸笔，写下你的灵感吧；有张照片，一直想给它画个速写？安排上吧。我还发现正好可以趁着"数码排毒"的时间来做做一直懒得做的事，比如大扫除、写道谢卡、把照片整理好放进相册，再不放进去，那堆照片就要堆成比萨斜塔了。

5. **坚持就是胜利！**"排毒日"快结束的时候，你可能发觉自己一点儿都不思念手机。"照片墙"？那是啥？！要是真这样的话，为什么不把"数码排毒"延长一天呢？但是，要是你感觉自己快要坚持不住了，那就冲向卧室，尽可能地让自己尽快入睡。喷助眠喷雾！做拉伸运动！把腿靠墙上让血液流通！或做其他瑜伽姿势，只要有用就行！要是你能沉浸在一本好书里10分钟，就不会惦记着克莉茜·泰根有什么推特新动态了。第二天起床，你会感觉神清气爽，当你打开手机，看着手机安安静静地躺在手里，无任何消息提示，心如止水，之前种种以自我为中心的想法也渐渐消失了。

把书放下，拿起你的日程表，把"数码排毒"加进去。快去，我会等你的！完了吗？这就对了！优秀！尽管长时间不用手机一开始会很难，但是你尝试的次数越多，完成得越好，就越能意识到这段"排毒"时光对我们的精神健康和总体幸福感是多么有益。它给我们的大脑腾出空间来整理和加工思绪，也让我们有时间全身心投入到正在做的事情当中。这就是"优质时间"的含义。

利用"优质时间"做让自己快乐的事情会让你受益无穷，花"优质时间"睡个好觉也算，这都是"人生整理"的一部分。事实上，精神健康和良好睡眠密不可分。阿尔瓦罗等人2017年发布的一项研究表明，高中生群体的失眠症状是抑郁症状的前兆，反之亦然。当然也有"传闻"，说你第一次在朋友家留宿那天，一直玩到早上5点才睡。有了这段经历后，你就明白缺觉有多难受了吧！那么，接下来就教你如何在晚上睡个好觉。

良好睡眠

听过那句经典名言吗？"你的一天和碧昂丝的一天都是24小时。"不过，我猜碧昂丝不是那种一觉睡到中午的人。同样作为一名处女座，我也是个烦人的"早起鸟"。就是那种早上6点半第一个出现在酒店餐厅吃自助早餐，问候你"昨晚睡得如何？"的人，和95%的人一比，那叫一个气势十足。没错，那就是我。可是，不要因为我爱早起就认为我不喜欢睡觉。事实上，你要是问我最喜欢的地方是哪儿，我可能会说是我的床。床真的太舒服了！我爱睡觉，因为早上起得早，所以我喜欢早早上床睡觉，以确保睡眠时间充足。相信我，要是睡不够6个小时，我就会成为绿毛怪格林奇那样的讨厌鬼。

早晨就像马麦酱——此之蜜糖，彼之砒霜。有些"夜猫子"午夜时分热血沸腾、生产力爆表，也有些"倒霉蛋"久久挣扎难以进入梦乡。以上这些人，就当我啥也没说，几点睡觉，定几点的闹钟，适合自己的日程和生物钟就好。翻翻日程本，要是你每天早晨都手忙脚乱，一边关门还一边梳头发，那么也许是该提前半个小时上床睡觉，闹钟也得提前半个小时。也许你早晨就是效率不高，到了晚上才有做事的劲头，各项会议、社交活动纷至沓来，让你忙到半夜才睡。无论怎样，重点是要协调好你一天内的精力分配，工作、生活、社交各方面都要统筹协调。

也许仅仅是因为我很爱睡觉，但睡眠这个支柱是与其他三个支柱的完成情况关系更紧密的。如果你能管理好压力，自然就能睡个好觉。如果饮食健康，睡前不喝太多咖啡，自然也能睡个好觉。要是每周进行锻炼，睡眠质量肯定噌噌上去。不过，如果你已经在其他三个支柱上都做出了调整，还是觉得早起一会儿会很难在早晨保持精神，那就继续往下看。以下是我如何处理早晚例行事项，以做好准备，迎接第二天的到来。

如何成为一只"早起鸟"，又不至于死气沉沉

拥有老年人作息

要是你能凌晨 1 点睡觉，早上 6 点起床，我为你鼓掌。你要么是个无需太多睡眠就能存活的人，要么就是奶爸、奶妈，无论是哪种情况，我都敬佩你。这两种情况我一个也不占，所以为了能在午饭前起床，我需要晚上 10 点前上床，10 点半前入睡，否则肯定听不见第二天早上的闹铃。我觉得"八小时睡眠理论"还是靠谱的，所以我也以 8 小时为目标，不多也不少，要不我起床的时候就会感觉自己像树懒一样，有气无力。建议你尝试一下不同的入睡和起床时间，摸索出一个适合自己的睡眠时段，既确保能起得来，又与你的生活方式、工作和日常活动相契合。要是你平常凌晨 1 点睡觉，早上 9 点起床，那就把这两个时间都提前 30 分钟，试试夜里 12 点半睡觉，定个早上 8 点半的闹钟。不断调整入睡和起床时间，直到找到一个最佳时段，既契合你的日程，又让你精力充沛。

尽你所能入睡

要是每晚你都看网飞的剧熬到凌晨 2 点，那你就可能会辩解说晚上 10 点睡觉超出了自己的能力范围。可是，我就有一些小技巧来"欺骗"我的大脑和身体，让它们觉得是时候该睡觉了。比如换上睡衣前，洗个热水澡，抹上身体霜，做个小按摩，这不仅会使你的四肢看起来像詹妮弗·洛佩兹的一样有魅力，而且有助于消除身体酸痛，不然你以为婴儿爱做按摩是因为什么？再加点薰衣草

自制助眠喷雾配方

你需要：

● 一个带喷嘴的迷你玻璃瓶

● 10~15 滴薰衣草精油

● 30 毫升伏特加

● 30 毫升蒸馏水

做法：

1.把精油和伏特加导入瓶中，摇动混合均匀。

2.倒入蒸馏水，摇动混合均匀，就可以使用了。

味的身体护理油，困意马上就会来袭。另外，确保室内尽可能昏暗（实在不行就买个遮光百叶窗或窗帘），室温要比白天的时候低点儿。最简单的步骤就是，买个好的助眠喷雾，喷在被单和枕套上（找那种含优质精油的，或者自己做一个，见方框），靠在枕头上，读一会书。要是你更喜欢听的方式，也可以听有声书或播客，至少在准备入睡前30分钟调暗房间灯光。在进行这一系列准备之前，定好明早的闹钟，把手机调成静音，放在伸手够不着的地方。这个方法不仅适用于日常，要是旅行时需要调整时差，也可以试一下。

不赖床原则

如果你早晨爱赖床，那这个毛病要戒掉可难如登天。我从来不会赖床，因为"再睡9分钟"这个想法就是不吸引我。我要的是再睡1小时啊！真是的！要抑制这种赖床的冲动，你得想尽一切办法来让自己清醒。对我来说，玩手机最管用，这种方法你一般在这类收纳整理的书里找不到，但我坚信，整理生活是为了自己，适合自己的就是最好的。我还试过冥想，但最后还是睡意袭来。这虽然不适合我，但可能对你有效。我还发现，把睡袍和舒适的拖鞋放在床边，尤其是在寒冬腊月，能帮助我鼓起勇气快一点儿进入没有被窝的寒冷世界。

养成习惯

养成早晨的一些好习惯可以帮你更顺利地从"爱睡懒觉的人"过渡到"虽不愿迎接天亮，但能体会到早起好处良多的人"。我的例行活动包括从床上一跃而起，钻进暖和点儿的地方先缓缓，叠好被子（防止自己禁不住被窝的温暖诱惑再钻进去），然后去厨房弄点早餐。吃完早餐，整理好一天的待办事项，以及计划好的会议或活动，然后洗个澡，让自己看着精神点儿，同时也思考一下当日计划。大多数工作日，我都试着遵循这一套流程。我发觉，当我按照这种方法规划好时，效率能达到最高。这里要着重强调的一点就是不要睡回笼觉，对我来说，最管用的办法就是赶紧吃早饭，因为我从前一天晚上7点就开始惦记着这顿饭了。要是你习惯晚上洗澡，最好一起床就穿戴整齐；要是你喜欢早晨洗澡，那就正好，没什么事能比洗个澡更让自己清醒的了。虽然我会尽全力不回到床上，但并不总是一帆风顺。有时候，我能起得来，但最后却搬着电脑去床上工作了，直到快递小哥来敲门，我才意识到已经快到午饭时间了，而我只吃了些剩下的迷你巧克力玉米片。

说到迷你巧克力玉米片，巧了，我现在最想吃的就是它。既然每种助眠方法我都讲过了，下面该说说食物了。本书中的四大支柱都对身心健康有潜移默化的好处，而食物会让身体和心理之间的关系变化更明显，毕竟食物是要吃到身体里的东西啊！吃得健康不仅要花时间和精力，有时还要消耗预算中的一大笔钱，但当我们给自己身体补充的营养到位了，一些长期的好处就随之而来，精神上的愉悦感也就不远了。身体好了，精神也差不了；睡得香了，体力和专注力上去了，效率自然也上去了，自信感油然而生。来，把迷你巧克力玉米片递给我……

健康饮食

真希望一整块比萨下肚后自己还能维持最佳状态、活力满满，但很不幸，事实并非如此。想必你也知道，饮食均衡多样，吃富含营养、新鲜健康的天然食品，能让人感觉心满意足、精神焕发。我不是营养学家，也不是饮食学家，就不跟你谈食品成分了，只想说，我赞成每种食物都要吃，而且要适量。我不会以任何方式限制自己的饮食，而是会根据身体的需要做出调整，再据此整理冰箱和橱柜。大多数时间，我都在家做饭，尝试新食谱，享受做饭的整个过程，感觉可以完全掌控自己的饮食。蔬菜、蛋白质、脂肪、碳水化合物、纤维，我每样都来点儿，吃完觉得自己精神头儿更足了，应对压力也更轻松自如，锻炼时状态也在线，还能安然入睡，不会胸闷气短。

要是计划做得不到位，准备工作没做好，家里没食物，也完全懒得动，我就会从附近的一家比萨店点外卖吃（这家店在我的收藏列表里，主要是因为实惠，你懂的）。我猜这种情况大多数人都熟悉吧。当然，我说这些是想强调，我们要开始养成做饮食计划和每周采购食材的习惯。你肯定不愿意看到这样的画面：蔬菜在保鲜盒里放得潮乎乎的，看着就没心情吃，还不得不吃。健康饮食除了让我们的身体状态在线之外，也可以更好地安排进预算里，换句话说，我们不用多花什么钱，就能享受到健康、多样化的饮食。而且食材准备和实际做起来的过程也都很简单，花不了多长时间就能完成。

作为居家办公者，饮食计划对我来说再完美不过。因为如果需要提前几个小时准备晚饭，我可以在午饭时就溜进厨房忙活起来；采购下周食材的时候，也可以错开高峰期，趁人少的时候我再去。在家工作主要就是时间灵活。如果你从来没做过这样的计划，可能会望而生畏，因为不得不提前思考接下来 7 天要吃什么。但想象一下，每天下班回家路上的你不必再拐去超市，花上个 20 英镑，也不用浪费一个下午想晚餐到底该做点什么。那样完全没必要！翻到下一页，我来教你掌握窍门……

如何有效地计划饮食

I. 准备妥当。要是厨房一团乱，我一般会溜进去冲一碗麦片，然后赶紧逃离。可事实上，无论是削胡萝卜片儿，还是用搅拌机做点鹰嘴豆泥当零食，大家都想要在干净整洁的地方进行。所以如果有需要的话，攒点钱，买些必要的厨房用具吧。

厨房用具清单：

不粘锅和烘焙用具	案板
优质刀具	硅胶或木制厨具
量杯和量勺	过滤器、滤网和擦菜器
食物加工机/搅拌机（我用搅拌机太频繁了，我还总说我愿意嫁给它呢！）	带盖子的玻璃容器（宜家的就不错）
厨房秤	慢炖锅（可有可无，有的话更好！）
大尺寸不粘汤锅	搅拌碗（金属的，易清洗，体积小，易储存）

2. 做好计划。拿出一张纸，把一周7天纵向列出。旁边做一下标注，写上每晚要做几人份的饭。要是有哪几晚用餐人数比平时少，其实可以吃前天晚上的剩菜。在纸的最上方，列出"早饭""午饭""晚饭"几栏。为了省事，我每天的早饭和午饭都吃得一样或差不多，晚饭就胡拼乱凑。你如果是个饮食计划的新手，那就给自己省点事儿，先从计划晚饭做起，早饭和午饭先放一边。在"资源"版块，你可以在我的博客上找到饮食计划电子模板的链接，或者去网上找找可以吸在冰箱上的那种可撕便签。天才发明！

3. 心中有数。思考做什么饭之前，先去厨房转转，在冷冻室前驻足看看，翻翻橱柜，或者瞧瞧冷藏室里藏着什么，架子上有什么调味料。我猜你找到了一个布满灰尘的罐子，里面装着烤豆子，还看到一袋漏了的大米，这意味着接下来的20年，你可能会在厨房的各个角落看到残留的大米，对吧？除此之外，可能有些食材再不用就坏了，接下来就需要你身体里隐藏的迪莉娅·史密斯（英国著名厨师，美食节目主持人）登场，大显身手了。

4. 食谱就位。有时我们在家就随便做做饭，但大部分时间是按食谱做。可能是因为从小我妈就总是虔诚地翻阅那本她爱不释手的20世纪80年代玛莎百货的烹饪书。

当然我也会用到烹饪书，最常用的都是玛德琳·肖写的，如《食出光彩》《各就各位！预备！吃！》《一年美食之约》。不过你要是在"照片墙"或品趣网（Pinterest）上看到了想尝试的食谱，别忘了保存下来，或者添加个书签。超市里那种老式的食谱卡我也一直喜欢用，我把它们和手写的，还有复印的食谱一起装在了一个塑料夹里，方便翻阅。有其母必有其女。要是你没时间做这些，不妨列出10~15个你既爱吃又方便做的食谱，忙的时候，这些食谱可以拿起来就做。另外，确定一个首选餐食搭配，等你哪天没什么做饭的灵感，就可以派上用场。对我们来说，首选就是上面配有柠檬片和味噌酱的鱼片，撒着花椒粉和大蒜调味料的地中海烤蔬菜，香甜薯条，（还有）一些绿色蔬菜。这样既简单又管饱，也用不着什么食谱。

5. 购物清单。饮食计划确定下来，就该列购物清单了。要是时间充裕的话，最好把东西按照你要放入购物车的顺序写。这听上去烦琐无趣，但在发现这个妙招之前，我总是会忘记买鸡蛋。烦人的鸡蛋！所以别按你以前的方式了，要从生活区开始逛起，先买家庭清洁用品，然后是谷物，还有新鲜果蔬，接下来是奶制品和肉类，最后是冷冻食品。这种逛超市的方法有些奇特，但这样可以保证你到家时，买的冰激凌不会化成奶昔，虽然那样也挺好吃的。清单列好后，就照此执行。比如，主动地"选择性失明"，一项项找到列好的物品，列表之外的东西想都别想，并且，永远不要饿着肚子去逛超市。出发前要是饿的话就吃点儿东西，否则你和你的银行卡余额可都有好受的。尤其是走到付款台附近时，确保目光直视，别东张西望，那里可是最能引诱你花钱的地方。

逛超市的顺序：

1. 家庭清洁用品
2. 罐装和橱柜必需品
3. 面包
4. 新鲜水果和蔬菜
5. 奶制品、肉类和鱼类
6. 冷冻食品

6. **准备工作。**到家后，把东西都收拾好，赶紧躺会儿，把这些大包小包提回来可不容易，要是还能有30分钟空闲时间，何不做做准备工作。我通常只会提前多准备1天的饭，因为就像我提过的，蔬菜放久了会潮乎乎的。我还会试着做些甜甜的零食，因为每天下午3点我都想吃块巧克力。我通常都会准备些干果或蛋白球，放在冰箱里，饿的时候吃。有了这些随吃随拿的零食和为下一周提前准备的食材，比萨店"最忠实顾客"的名号就易主了。

这个部分虽不属于上面的6大步骤，但还是要注意，我们只计划周一到周五在家的餐食就行。关于一周逛一次超市多大程度上能节省预算，我没有完全与大家坦诚相待。事实上，像大家一样，我也有犯懒的时候。所以，我努力把周一到周五的餐食计划好，但到了周末，我只想沿着路走走，去吃个早午饭，溜进酒馆吃个午饭，或想方设法让父母邀请我们过去品尝"妈妈的味道"。要是你非得在周末冲进超市买点必需品，也不是不行，但总的来说，我不操心周末的膳食计划。而且，这样也缓解了我的一些压力：要么吃剩饭，要么吃妈妈做的千层面。

饮食计划模板

	早餐	午餐	晚餐
周一（俩人都在家）	苹果、肉桂粥	自制汤（存放在冷冻室，所以能保存很久）	辣味肉酱（剩下的，存放在冷冻室），配米饭、牛油果沙拉酱和酸奶油
周二（俩人都在家，但是普拉提课结束得有点儿晚，弄点儿简单的）	苹果、肉桂粥	抹牛油果沙拉酱吐司（牛油果沙拉酱是昨天剩的）	自制汤（运动后简单加热一下，很快就好）
周三（俩人都在家）	苹果、肉桂粥	辣味肉酱（剩下的，存放在冷冻室）配米饭	三文鱼配地中海烤蔬菜和绿色蔬菜
周四（俩人都在家）	苹果、肉桂粥	自制汤（存放在冷冻室，所以能保存很久）	素食汉堡配自制甘薯片
周五（就我自己）	苹果、酸奶（把马克没吃完的酸奶一扫而光）	抹牛油果沙拉酱吐司配蛋（牛油果沙拉酱快要吃完啦！）	辣味肉酱（剩下的，存放在冷冻室）配米饭

饮食计划省钱建议

鉴于吃得健康有时候并不便宜，所以这里有 10 条建议，既帮助你吃好，又不会超出预算，还不会到最后留下一冰箱腐烂的食物，好像在开现代艺术展一样。

● 要想在饮食中加点儿绿色元素，冷冻果蔬是最便宜的方式。冷冻蔬菜加热起来又快又方便，冷冻水果可以放进早餐粥里来解冻，加进奶昔里也行，毕竟冷冻水果比新鲜水果便宜很多。

● 有个备货充足的橱柜，你的生活会有质的改变。不起眼的土豆只需要切碎、晃动几下，就可以摇身一变成为烟熏烤辣椒薯角。刚开始要花的钱可能会多点儿，但是要确保柜子里有盐、胡椒、橄榄油、红酒醋、酱油、蒜粒、红辣椒粉、孜然、香辣粉、肉桂、牛至和芥末（我喜欢颗粒芥末）作为基本调料，然后再根据个人喜好加点别的。

● 发霉的面包曾是我家橱柜的"常驻嘉宾"，直到我后来找到了这个方法：拿出两片面包，或者你一天吃多少就拿多少，装进三明治袋，再放进冷藏室，剩下的面包放进冷冻室。冷藏室的面包吃完后，再从冷冻室里往外拿点。面包再也不会发霉了！神奇！

● 要是碰上肉或鱼打折，该做什么，你懂的！我家附近的超市就有超棒的"周五鱼类大促销"活动。买回来之后，把肉放进冷冻室，在准备用的前一天晚上，拿出来放到冷藏室里解冻。肉或鱼只能解冻一次，而且冷冻的食物要在一个月内吃掉。

● 奶酪也能冷冻！你不会还不知道吧？要是想做个奶酪拼盘或者把奶酪夹在三明治里吃，那最好别冷冻，因为奶酪的质地会发生变化。但要仅仅是做饭用，冻后再用也无妨。先把奶酪切成块，再装进三明治袋里，最后放进冰箱。要用的时候，提前一天拿出来解冻。

● 想必大家都有所耳闻，袋装沙拉和绿叶蔬菜几个小时内就会变成一堆烂泥。正确的做法应该是，把绿叶蔬菜（洗净）或吃了一半的袋装沙拉装进三明治袋，再放入一张厨房纸巾，吸干上面的水分。这样还能多保存两天。

● 我提到多少次三明治袋了？它们真的超级方便，在家里很多地方都能用到，尤其在厨房里。切碎的洋葱和香草、单人份的剩饭、准备放在冷冻室的鱼肉等都可以装进三明治袋里，吃了一半的果蔬也可以用它来储存，方便稍后食用。

● "囤货"是我一向的行事准则，买鸡蛋时也是一样，但是鸡蛋在购买后两周之内食用味道最佳。所以要是发现冰箱里的鸡蛋两周吃不完，那下次就少买点儿，吃完再添。

- 要是冰箱里的蔬菜已经有要腐烂的迹象了，那就把它们剁一剁，加点油、盐、胡椒、香料在烤箱里烤一下，然后倒进搅拌器里，倒上点儿蔬菜浓汤宝，稀释一下，明天的午饭就大功告成啦。把汤倒进杯子里或三明治袋里，放进冷冻室，等下次想要喝点什么来暖暖身子时就能派上用场了。

- 对于没时间或动力来制订膳食计划的人来说，不妨每周在半成品食材配送网站上下单，虽说这本身并不是个省钱之选。大多数配送服务都比亲自去买食材贵一些，但这样的确减少了浪费，也很方便，而且网上也总有优惠券可以抢。

在饮食计划完成后，一切准备就绪，下班回家的路上再也不用浪费时间、浪费金钱了，是时候该把"自我关爱"的最后一项"体育锻炼"纳入其中了。晚上单车课结束后的简餐已经计划好，现在就差去上单车课了。在心理健康、良好睡眠、健康饮食方面你已经做出了些许改变，你的身体想必已蓄势待发，也不觉得锻炼有传说中那样可怕了。事实上，养成常锻炼的习惯，会让你受益无穷。高强度运动时，身体分泌的内啡酞可以提升力量、锻炼肌肉、促进血液循环，对于"自我关爱"来说可谓是锦上添花。要是你觉得这样还不够有说服力的话，下面咱们来深入探讨一下……

体育锻炼

说实话，我宁愿吃撒满香菜的牛油果沙拉酱吐司（香菜对我来说是魔鬼），也不愿意运动。可是，健身不仅对身体益处显著，也对心理好处多多。所以，谈到自我关爱，体育锻炼才是真正能为自己注入动力的事情。

当然，有点汗臭味是难免的。上衣也会布满汗渍，看起来像变了色一样，这时要是穿了件灰色衣服，你就后悔去吧。做了波比跳，你会感觉自己好像再也无法正常呼吸了。虽然这类情况常常发生，但做做锻炼，不管有没有波比跳，都能让你感觉自己的荷尔蒙上升到了一种无与伦比的水平。运动一小时，好比强制"数码排毒"一小时，因为运动时你没法玩手机，无论家庭、工作、生活中正在经历什么，你都可以脱离出来，放松精神。你的大脑会集中在运动上，想着平板支撑只能坚持3秒到底是不是正常现象，从而把这一天的压力都搁置一边。跟你说，一旦养成了一个适合自己的锻炼习惯，你就连家都不想回了，要是腿还有知觉的话……

如何养成运动的惯例

在一些人眼中，"惯例"可能很枯燥无聊，限制着我们什么时间该进行什么活动，难以打破。没错，对一些人来说确实如此；但对于我和我老公来说，我们可以借此在周六晚上走出家门，而不是在家大眼瞪小眼，冲对方挑个眉，然后其中一个抓起手机点个外卖。但这里说的"惯例"，是用来督促你的，在你对"多动"这件事刚上道时，帮你慢慢适应，给你继续下去的理由和动力。

尽管我之前什么都尝试过，但目前我的例行锻炼计划是普拉提核心床课程。不过，我看起来像一个按习惯行事的人吗？当然不是！我曾在一个私人健身教练那儿练了18个月的臀部塑形，还在网上找过每日瑜伽教程，每天就在客厅里练，在下犬式中找到了内心的平和。我还和爸爸一起上过单车课，发现在仅仅45分钟内，人是可以通过流汗把身体内所有水分排出来的，也上过"Barre"（一种结合了芭蕾和普拉提的运动）运动塑形操的课，发觉自己还挺优雅，就像新生的步履蹒跚的羊羔。我也跑过步，但后来胫纤维发炎，跑到半截疼得直掉眼泪，我爸不得不开车接我回家。必须承认，那是一段人生低谷。所有这些运动都令我汗流浃背、气喘吁吁，尽管坚持最久的运动只有我喜欢的那些，但整体上所有运动都是愉悦的体验。

在此我想特别强调，只有真正享受自己的锻炼计划，才能把它坚持下来。如果光是想想要与被窝"分手"，长途跋涉去健身房拥抱寒冷就让你感觉全身抗拒（要是没有的话，向你致敬），那么你就很有可能会倾尽学识，找出一个能帮助自己逃脱锻炼的借口。当然，也会有极其不想锻炼的时候，但如果你80%的时间都可以坚持你所选择的锻炼方式，那就很不错了。

那么如何寻找适合自己的排汗方式呢？首先，先琢磨琢磨，有没有什么运动你之前做过但又放弃了，现在又想重新开始的呢？在路上看到跑步的人从你身边经过，有没有激起你对跑步的渴望呢？有没有朋友向你强烈推荐过某个他们觉得你可能会喜欢的课程呢（我的一个朋友就曾经劝我去上一个课，夸得那叫个天花乱坠）？还有每天上班路上，有没有路过一个运动工作室，看着可能挺对你胃口的？大体来说，要想收集这方面更全面的信息，不妨上网搜搜，看看自己适合什么。下面这些是我这些年尝试过的一些锻炼。

- **空中瑜伽**：瑜伽的一种，借助低空悬挂的丝绸完成动作，有点儿像吊床，但确实特别好玩儿。空中瑜伽更适合练柔韧性，还练胆量，因为要相信丝绸不会断掉，不过这也许不太适合晕车的人。

- **"Barre"运动塑形操**：它混合了普拉提、舞蹈和瑜伽动作，主要借助古典芭蕾把杆来完成。这个运动让我意识到，优雅并不属于我，而且隔天真是身体酸疼得坐都坐不下，我的个老天爷。

- **集中训练营**：一种功能性训练课程，通常在室外进行，运用一些自重训练动作和户外器械。对于那些运动时喜欢被大声斥责（我就是这种奇怪的人），且不怕沾一身灰的人来说，是个极佳的选择。户外运动太有意思了，让我深陷其中。

- **拳击**：一项全身燃脂运动，用专业拳击手的技巧和方式训练。但要有心理准备，拳击不仅仅是打拳，它可能是你见过的最粗暴的锻炼形式！感觉自己练拳击时就像个惹是生非的恶棍。

- CLUBBERSISE：一种有氧运动，一边挥舞荧光棒，一边蹦迪。我曾和我妈还有她的朋友一起跳过。真的从来没有那样开怀大笑过！光是荧光棒就把这个课的学费赚回来了。

- 远足：爬山要出于自己的意愿，而不是父母的要求。等我老了，还真挺想来趟远足呢。要是你住在乡下，或者有适合四处走走的地方，远足是个不错的方式来让你动起来，既免费，强度还低。

- 泰拳：泰国拳术，包含近距离格斗动作，一些动作需要和搭档一起完成。别管我上文说了什么，这个才可能是你见过的最粗暴的锻炼方式！打泰拳的时候，我感觉我的眼球都在往外冒汗。

- 普拉提核心床训练：该训练要求在约瑟夫·普拉提发明的核心床上完成一系列动作，可以增强我们的柔韧性、肌肉力量和灵活性。这是我目前的最爱，因为有许多动作可以躺着完成。也是这项运动让我从蹒跚学步起，第一次能在腿伸直时摸到脚趾。

- 抗阻训练：一种负重训练，运用抗阻来提高肌肉力量、增肌并增强无氧耐力。虽然过程就像你想的那样艰难，但是定期训练后，收获的结果却让人难以置信。我的臀部练得非常好！虽然那翘臀只维持了一小段时间，但是有它陪伴的那段日子还是很美妙的。

- 跑步：一脚在前，一脚在后，想象后面有个人在冲你喊："阿甘！跑！快跑！"跑步可不要钱！而且，想找个和你日程表匹配的"跑友"也不难。

- 动感单车：一种室内自行车运动，需要在一辆固定的自行车上完成，着重训练耐力。读到现在，你可能也知道了我是个爱出汗的人，而动感单车是让我出汗最多的运动。

- 游泳：即使你花大价钱买到世界上最好的泳帽，但还是避免不了每次都要弄湿头发。要是你不介意每天洗头，这个运动还挺不错的，但是我受不了。

- 瑜伽：一种源于古印度的锻炼方式，集身体、精神、心灵于一体。这种放松的健身方式难度出乎意料的大。我定期会做瑜伽，每次做完都感觉身体的柔韧性增强了，而且非常放松。

先确定下来几项运动，对照着自己的日程表，看看哪些运动在时间上是切实可行的。尽管我没孩子，也不用给别人打工，但还是一直以"我没时间"为借口逃避运动，着实不应该！不过我估计99.95％的人都有时间运动，即使一周只有 1 个小时。关键是要找出时间都浪费在哪些没营养的活动上了。比如起床前玩 1 个小时手机；《老友记》大概看了 76 遍了，还要在晚上一集接一集地看；午休时光顾着刷推特，而不是好好读点有实质性内容的东西。刚开始，运动时间不用很长，等你慢慢开始享受其中、初见成效时，再慢慢增加时长。试着养成习惯，至少坚持一个月。熬过去之后，回头看看，有没有哪天开会迟到？有没有哪里因为锻炼而感觉酸痛？早上6点的课对你来说是不是就像地狱？对过去1个月的情况进行评估、调整后，再坚持做1个月。不知不觉，一种运动习惯就这样养成了，你甚至都没意识到。

听过网上流行的那句"锻炼永不后悔"吗？这句话太烦人了，但确实是句大实话。有一次，我和朋友一起报了个泰拳班，她最后因为膝盖扭伤住进了医院。不过在我练完之后，跟当时在急诊室等候区的状态相比，虽然整体上感觉身体更疲惫了，但内心却更有力量了。如果除去时间，钱也是阻碍你进行锻炼的主要问题，那何不找个爱跑步的朋友，选一条他们习惯的跑步路线，带上你一起跑？或者周末邀请朋友过来，请她带上瑜伽垫，你俩就可以一起在客厅一边跟着视频做瑜伽，一边聊八卦（也可以用厚毛巾代替瑜伽垫，尤其是在铺着地毯的地板上）。也许你的另一半是个健身狂，可以带你在公园做些循环训练？这不需要花大价钱、大把时间，也不会无聊透顶。我保证！

如何坚持到底

现在你的运动计划已经在被一一实施了，（有时）你也能乐在其中——那么如何坚持下来呢？我说的"坚持"指的不是像参加"新的一年，新的自己"这种健身热潮一样，维持1个月就完事了，而是要长久地进行下去。对此我有如下建议：

找个伙伴

我一直觉得自己是个孤独的健身者，要不就是独自锻炼，要不就是和私教一起（他说我是他的客户中比较能流汗的，排名第一的是个身材魁梧的家伙，他能硬拉起自身2倍的重量）。我协调性弱，体力也不好，跑1分钟后就气喘吁吁，像个吱嘎作响的玩具，所以我就只能在教室后面碰碰这儿、摸摸那儿。但我后来意识到，协调性和体力都不好又能怎样，这些根本不重要！也没人关心你热完身后擦不擦器械上的汗珠，每个人都专注于自己的锻炼。要是你在苦苦挣扎，他们也会在需要的时候给予你言语上的鼓励。再者，也可借锻炼这个机会打破你平时的社交圈，交些新朋友。因为我居家工作，除了每天早上都要见面的邮差，很少跟别人打交道，所以我发现健身带给我的益处不仅仅是更加柔韧的筋骨，借此机会穿上像样的衣服，离开家，和别人闲聊，对我来说也许收获更大。

优先处理

还记得你那个高颜值、新鲜出炉的日程表吗？熟悉了怎样向日程表中添加会议信息、工作截止日期、约会时间后，也把锻炼加入其中吧！我把普拉提核心床课程加入了个人日程本中，然后像添加会议信息一样，输入上课时间，设置好提前一天的闹钟提醒。这样一来，你不仅不会忘记锻炼，而且要是哪天想在深夜出去飚舞，也好提前调整安排。这也相当于给锻炼标记了优先级，锻炼一般可得不到这种待遇。因为一般我们都是将一切计划好，还刷爆了信用卡买装备，可后来运动计划要执行了，日程表却满满当当（这个我们一会儿再解决），一整天都忙得晕头转向，这种时候，我们从日程表上划掉的第一件事就是下班后去游几个来回。有时候身体状况不适合运动，这没关系。有时候还有更重要的事情要做，这也没关系。但90%的情况下，拖着不情愿的身躯去健身房做运动还是大有益处的，所以在日程本中，给予锻炼一定程度上的优先级，可以帮助我们提升坚持锻炼这项目标的成功率。

一套新装备

虽然听起来有点儿消费主义（实际上也是！），但有时一套新运动装是唯一能激励我们坚持下去的动力。这与我的胶囊衣橱理念并不完全相符，但是一条全新的紧身裤或一件可以让我这个平胸女孩"有料"起来的运动内衣，可以给我动力重返健身房——即使仅仅是因为我想穿上新装备去外面晃一圈儿。拥有新装备的感觉好极了，还可以给我们信心，要是穿着一条松松垮垮不合身的紧身裤和一件满是洞的宽松破旧T恤，是很难有这种感觉的。况且，我们是真的需要一套合适的装备。要我说，没有比紧身裤上的磨痕更糟糕的事了。这类衣服都会经历这样一个过程——拉伸、摩擦、频繁地清洗，所以大家都清楚，它们需要时不时地更新换代。我的运动必备如下：

运动内衣

丰满的女性适合带前扣且可调节肩带的高强度支撑运动内衣。

总的来说，我们要买那种接缝小或者无痕的内衣。为了防止有任何不舒适的地方，可以在试衣间里挥动一下手臂，假装跑步检查一下。

T恤

轻薄且排汗的面料会让你在锻炼时感觉更凉快，"举铁"的时候，上衣也不会紧贴在身上。衣服穿着舒服很重要，但是如果做一些需要弯腰的动作，穿稍微紧身的上衣可以避免衣服向上缩的尴尬。这样就可以放心做下犬式了！

紧身裤

一条质量好的紧身裤绝对值得投资。面料要吸汗、透气，裤腰要高、弹性要强，足以支撑腰部。买的时候一定要好好测试一下，蹲蹲跳跳，看看方不方便，检查一下有没有破洞或者任何不舒服的地方。

运动鞋

鞋子的选择取决于你做何种运动，以及走路、跑步或者训练时的步伐如何移动。只有一点要嘱咐：如果你选择了跑步，务必请专业人士帮你挑一双合适的跑鞋，你的胫骨、小腿、臀大肌、腿筋，基本上整个身体都会对你感激涕零。

提前预约

正如之前所说，我意识到报个健身班能让我对健身保持积极性。

一部分是因为我是讨好型人格，不想让别人对我失望，也是因为交了不少钱，要是我不去，钱不就浪费了吗？要是下班后和朋友一起跑步回家，或者周末加入一个免费的集中训练营比较适合你的话，那就尽情去排汗吧！不过我发现，花钱上课（尤其是24小时后拒不退款的课）对我来说特别管用，只要报名了，就一定会去，因为不想浪费钱。我的账单虽然不适合睡前阅读，但它遵循"投资自己"的座右铭，这一点我100%支持。只要把课程纳入预算计划，然后一切就绪。

灵活应变

我喜欢按惯例行事（一本生活整理书籍的作者居然喜欢严格按照时间表行事？震惊！）。虽然我觉得如果有可能的话，适应某种健身节奏很重要，但是节奏有时也会被打乱，这时就需要灵活处理了。也许应该以两周为一个周期，设置好一个周期内需要完成多少课程，比如每两周去健身房锻炼5次。在日程本上为每节课程列个清单，完成一项就随时勾掉一项。如果周一、周三、周五这种隔天运动的方式对你来说不现实的话，就没必要囿于这个频率。就算安排的日程没能按时完成，也不意味着你的健身习惯会随风而逝、一去不返了。有时我喜欢预订新课程，接触新老师，并且和这些老师相处下来我都非常喜欢。在课上，可以学习新动作，得到一些塑形建议，突破一些我曾经认为不可能的极限。以后当你在实施日程安排的道路上，摔倒了也不要紧，赶紧站起来拍拍身上的土，可能会有些意外的收获。

不行就换

如果所有运动方式对你都行不通，那就混着来。对目前进行的运动，如果热情已消失殆尽，那就换一个吧。我面临的就是这种情况。我连续18个月每周都上3次私教课，一直练习硬拉技巧和深蹲，但最后对这种运动提不起兴趣了。所以我开始在我的运动计划中加入了普拉提核心床课程，练了6个月，健身房会员到期了也就没再充值。有一家普拉提工作室我特别喜欢，也常去，每次去都把自己从头到脚打扮成他们广告宣传图的样子。以退为进，尝试点儿新的东西。其实很简单，没准换个锻炼时间，找个新教练就能解决。或者健身房里你常做的那一套动作已经练了568次了，需要提升一下强度，上网找找新动作来学。甚至可以跟你现在的锻炼习惯完全说拜拜，尝试一下你从来没有试过的运动。攀岩！杂技！空中瑜伽！先别说难，试试再说。

作者有话说

瞧见了吧？自我关爱不是用个豪华浴盐、穿个羊绒袜那么简单。事实上，这部分浓缩了很多关于人生整理的重要内容。为什么我们对自己如此严苛？压力大、喘不过气、睡不好、吃着垃圾食品、运动步数屡创新低。我们每天这样过活，如行尸走肉，却还指望自己的身体能以一种难以企及的水平高效运转，够疯狂吧？如果每周能拿出来几个小时，或者每天拿出来几分钟内省一下，在脑子里过一遍这四个支柱——心理健康、良好睡眠、健康饮食、体育锻炼，把正在做的、已经做完的、打算做的一一标注，逐一解决，然后，保持这种自我关爱的状态，我们就可以乐在其中了。

当然，这四大支柱永远不可能以同样的速率运行，也不可能始终面面俱到。没准哪天其中一方面就会出现问题，遇到这种情况时，别太跟自己过不去：喘口气，然后慢慢着手将一切恢复原样。也许是通过和朋友谈谈工作上遇到的问题，自己动手做一瓶助眠喷雾，把快发霉的蔬菜煮成汤供明天午餐时喝，或者午休时漫无目的散散步，可能还会有点迷路。这些方式无论是"多管齐下"，还是"独宠其一"，都可以多多少少帮你恢复正常节奏，给你的生活带去些自我关爱。

尽管本书的其他章节更强调简约和习惯，但关于本章我想说，能做什么就做点什么吧。给自己些关爱，怎么管用怎么来，把它当成头等大事，永远不要因为把时间花在自己身上而内疚。把健康、幸福作为生活的首要考虑，然后，你也许会发现生活的其他部分都需要微做调整。家庭要优先，工作也不能落下，但是你的社交生活呢？是不是有些难以平衡？没关系，不用手忙脚乱。方法我教你，继续往下看。

社交、生活两不误

花时间与家人朋友相处应该是件高兴事儿，而不是令人一筹莫展，一想到就压力倍增。那么，业余时间该怎么安排才好呢？

小时候，我们几乎一整天都待在学校，和朋友们在一块儿。一起学习，一起玩耍，一起用图书馆电脑打印歌词贴在练习册封面上。放学回家后，我们又抓起电话，继续和一两个朋友东拉西扯，傻傻地谈论着喜欢的男生，谈论着第二天怎么用遮瑕膏当口红，就这样一直聊到晚饭时间。吃完饭，当然还要花几个小时在社交软件上（或者一直煲电话粥，直到爸妈需要用电话时才松手）。对自己暗恋的人，先是装作和人家正巧同时上线，然后又把状态调为"忙碌"，好显得高冷一些。重点是在童年和青少年时期，我们一直同朋友保持联络，形影不离。我们的生活也都围绕着社交展开，因为这是学习与人交流的重要一环。后来，把该考的试都考完，书本也收拾到了不见天日的地方，然后上交了论文，我们的生活的重心便由此彻底地从社交转移到工作上了。

想要继续攻读学位并顺利毕业的话，平常日的晚上就别想着和朋友泡吧了，如此一来，虽然你的肝和银行卡会感激涕零，但你的社交生活也会从100分迅速跌到5分，毕竟有失才有得嘛。即使人各有异，可我还是觉得，一旦过了二十几岁的年纪，大家就都不怎么张罗着要出去通宵了，和朋友也经常约不到一起，因为你要么是淹没在邮件堆里，要么就是这周过得太不顺了懒得出门，要么是在家加班赶工，或是其他借口。工作的确使人焦虑（不过读完前面章节，你现在肯定淡定如初了吧？），作为成年人，要承担的责任也开始越来越多，所以我们常常会自动屏蔽那些占用太多精力和时间的业余活动，包括下班后的健身课、姐妹们的晚餐聚会，都是能少去就少去了。

你要是去健身房挥洒汗水，我举双手赞成，但是在这我也不怕多说一句，其实维护好人际关系比臀部塑形来得更实在。随着年龄增长，我们愈发专注于日常琐事，社交圈越来越小，但关系也越来越紧密。也正是从这时起，我们开始认真对待爱情，经常把闺密撂一边儿了。以上情况都很常见，不过只要我们重视起社交，直面其中的问题，一切都会迎刃而解。我们已经没有太多机会去拓展交际圈、不断结识新面孔了，所以已经建立起来的人际关系真的要好好经营。

你上一次在家招待客人是什么时候了？想不起来了吧！时间太过久远了。拾起这个任务，你现在就可以行动起来！

- 把这本书稍放放，你可以建立一个在线文档，你和朋友可以先分别输入自己的空闲时间，然后通过完成的表格找一个大家都有空的时间。

- 你还可以为活动命名，输入地点，添加各种备注。选择自己空闲的日期和时段，然后输入朋友们的邮件地址通知他们，让他们再选择自己有空的日期和时段。

- 选择人数最多的一个时间，然后就大功告成了。"姐妹之夜"卷土重来！

在我看来，和朋友一起度过的分分秒秒是对时光最好的回应。读到现在你可能也知道了，我是那种喜欢独自坐在沙发上读一本书的人，但我同样也需要和朋友共处，为生活增添一些新鲜的体验。朋友会给你带来欢笑，带来泪水；让你怀念过往，感慨时间飞逝；他们还会同你分享许多有趣的笑料，让你忍俊不禁，笑到流泪。社交可以算是自我关爱的第五大支柱，不管生活向你甩来什么难题，都能继续激励你向前。在"整理后的"生活中，与朋友家人共享时光是舒缓压力的极佳方式，几乎可以解决所有问题，还能给你提供一个安全的港湾。和了解你的人畅谈想法、交换感受、制订计划，他们也许还能给你一些可行的建议。而且，你可以真实地做自己，这种机会可不是说有就有的，所以好好珍惜，别让这些宝贵时刻溜走。

我们都明白好友相伴的感觉有多么美妙，可以一起在商场买同款上衣，或者买点儿其他的同款。但是，我们的日程已经像俄罗斯方块一样堆得满满的了，到底怎样才能敲定聚会时间呢？

死党：如何将友谊进行到底

读罢几页后，你会找到一些短期方法来维持自己的社交活动，但事实上人际关系更需要精心灌溉与长期维护。以我的经验来看，只要定期同朋友嘘寒问暖一下，他们就会知道，无论何时，只要有需要，你都会陪在他们身边，他们也都会伴你左右，这样就够了，没必要再做些别的来稳固友谊了。话是这样说，我还是很喜欢给朋友送点小礼物，写些小纸条之类的，倒不是因为自己做错什么了，只是想打个招呼，送上鼓励的话语，或是说声我想你了。有时候我会送一束花、一张明信片或者朋友想要读某本书时，我书架上又刚好有，就送给他读。其他时候，我会送一些自制的小蛋糕，要是看见哪家店里有对漂亮的耳环，觉得某个朋友肯定会喜欢得不得了，我也会买下来作为礼物。如果预算足够的话，可以到处买一些奇奇怪怪的礼物，或者简简单单地送一张卡片，也是很不错的暖心选择。"赠人玫瑰"的快乐感会随之而来，就像小时候把伊丽莎白·杜克品牌的"友谊手链"带到学校送给死党时的感觉一样。

健康的社交生活少不了和朋友时不时地叙旧，参加一些让你收获快乐的活动。在这样的社交生活中，你应该感到身心愉悦，而不是心生焦虑，或者不情不愿，要硬着头皮去应付。如果真有这种感觉，那可能要重新"整理"一下你和朋友的关系了。时间宝贵，我们应该有效地利用，及时行乐，感受最好的自己。与朋友一刀两断从不是件简单的事，但这样可以远离那些拖你后腿、给你带来身心压力的人，相当于给了自己一个机会，摆脱束缚，重获自由，变成一只自由的小鸟！这样你也有机会去认识新的人，尝试新的事物，把所有时间花在能让自己更快乐的事情上。

5个小技巧，让社交生活重焕光彩！

1. 和朋友一起吃一顿饭是一个经典的提议，我和朋友们就总是习惯在晚上找朋友叙旧，但晚上的约会总被一些事耽误，比如要上健身课，被困于地狱般的晚高峰堵车，或者加班。不过我们还有其他吃饭时间可以安排社交。我们肯定是要保证一日三餐的，为什么不利用这些时间邀请朋友们到家里来，或者出去下馆子呢？也不必搞多大排场。如果上班前能安排个早餐局，那就找个你和朋友都会经过的地方，一块儿吃个早餐。如果和朋友工作的地方离得不远，或者你们都是自由职业者，那么午餐休息的时间又是一个见面的好档期。而且，这样还可以保证你充分利用午休时间，做到真正的"休息"。我和朋友会轮流在家请客，而且把各项任务平均分配，比如把零食、主菜、副菜、甜点分别交由四个人准备，这样就不用让一个人操心所有事，一个人自掏腰包购买所有食材了。找出社交软件里的群聊，把"来我家吃饭"的日程安排上吧！

2. 把朋友们召集到一起后，趁大伙儿都在，日程本也随身携带，约好下次的活动吧。一起看电影，打高尔夫，或者再吃顿晚餐！无论干什么，都先尽量定好日子，因为知道下次何时见面，心里就有盼头了，而且可以避免那种地狱般的筹备过程，这个说"我下周一、周三、周五都可以"，那个又说"我只有周五晚5点到7点可以"。

3. 如果你们的日程都非常规律，那么可以定期聚一聚。比如每个月第一个周一的晚上一起吃饭？或者周三晚上去酒吧参加你喜欢的知识问答？你也可以成立一个读书会，把目前正在读的书作为要讨论的一个话题（我向您抛来一个暗示意味十足的媚眼）。和朋友制订一些传统活动也很有意思。每年，我和一些大学老友都会过一个"生诞节"，这是我们生造出来的"山寨版"圣诞节，不然真正过节的时候，大家肯定都忙于家庭琐事无法脱身。我们每年轮流做东，每个人也还是自带一种食物。或者你们可以试着每年找个法定假日的时间选个从没去过的地方旅游，或者来趟公路旅行？还是说你觉得朋友总是那么几个人，太过无聊了？真让我说对了的话，我有一招，你可以试试。我有个朋友每隔几个月就会办一个小型家宴，不过只从每个社交圈里邀请一位朋友（比如最好的发小、大学时的朋友，外加一位同事），再让他们每个人带一位自己的朋友。这样每个人都能认识新朋友，也不能说这个想法不靠谱，毕竟是个认识新朋友的机会。你们已经有了一位共同好友了，说不定未来这个人能成为你的新死党呢！

4. 每个人都有各自的生活节奏，这再正常不过了。可能你所有的朋友都处在要孩子的阶段，而你却依旧沉迷于软件交友。又或者你刚生完孩子，需要多认识些"宝妈"做朋友？也许可以重新联系一下老相识们，看看她们是不是和你处在同样的人生阶段。有了社交媒体，重新建立联系不是什么难事儿。我敢肯定你会在"照片墙"上经常偷窥某位老校友，还有那种经常给你写评论却很难见面的朋友。找个周末，约他们出来吃个早午餐吧，毕竟，谁能拒绝早午餐呢？

5. 要是你的朋友都太忙或是住得太远，不太方便来找你，那你就主动去交一些新朋友，进入新圈子。这时候，社交媒体就是你（暂时）的新死党了。试试不同的社交软件，认识一下当地和你兴趣相投的女生，或上网搜搜当地社群，参加一些课程，和满教室志趣相投的人一起上课。勇敢地介绍自己、交换电话、拥抱对方、相互道别——完美变身交际花！

如果你开始觉得社交像是一种负担，也许问题并不在你朋友的身上，可能是这一周你经历太多，心累了。

如果你的日程中已经塞满了与工作无关的活动，找一个空闲的晚上都特别费劲，那就要重新权衡一下自己的生活了。日程中的任何事情——即使是你平常会抱有期待的一些时刻（比如，对我来说就是怀抱新生儿、去电影院看"高司令"的电影，还有吃吃喝喝什么的），只要让你心生畏惧，那就意味着触到了红线。

遇到这种情况，是时候说"不"了……

说"不"的重要性

那些收纳整理主题的大部头里总是暗示我们，"是"是个多么神奇的字眼，能给我们开启一扇扇大门，让我们去体验、去探索。说得的确不错，不过还记得《超码的我》这部纪录片里的一个情节吗？买汉堡时，主人公不停地说"是"，示意往那巨型汉堡里继续加料，最后那汉堡大得够一家人吃一周了！"是"不是什么时候说都对。我并不想干涉你，毁掉你的乐趣，可有些情况下，礼貌拒绝对方完全没问题，甚至对你有益无害。其实，我喜欢更夸张一点地说："我才不要呢！"不过我也只是偶尔说一下啦，比如：

● "我姐姐的表姐的最好的朋友办18岁生日派对，你能来吗？"

● "她要办一个特别好玩的宝宝派对！我知道你只是10年前晚上出去玩的时候见过她一回，但是她特别希望你能来。购物网站的链接收好，去给她订个礼物吧。"

● "这次的新娘单身派对肯定会超级疯狂！30个人参加！虽然每人得交400英镑，还不提供住宿。不过她说这么多年没见，真的特别想和你叙叙旧！"

● "我知道咱们很久没联系了，但是我妈妈同事的女儿特别想找你请教一下，问问你是怎么利用周日时间创业的。你可以带她出去吃个午饭吗？"

——"我才不要呢！"

这下掌握要点了？世界上没有一个万能法则能让你轻轻松松应对不同选择，不过的确有一个简单的方法可以应对一下这个问题。这个方法没有什么具体步骤，更像是靠直觉。查看一下自己那卓有成效的日程表和预算，看看有没有什么地方可以做改动。这又是一次整理的过程，在这个过程中，你越听从直觉，越会让自己对时间和金钱的考虑成为习惯，做起决定来就越容易。这要放在社交生活中，就是让你决定某次交际或活动到底该不该去。需不需要我暂时充当你的"魔法8号球"？在还没学会听从自己的直觉前，可以试试我这个快速决定指南：

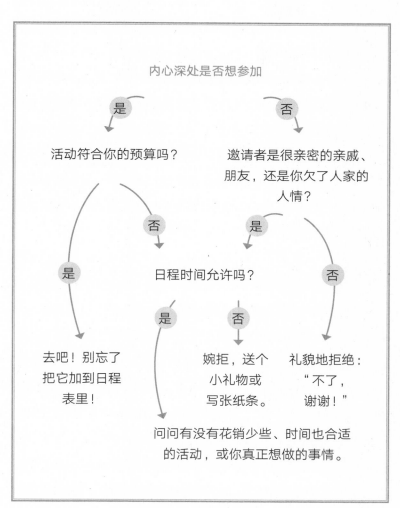

内心深处是否想参加

是 / 否

活动符合你的预算吗？

邀请者是很亲密的亲戚、朋友，还是你欠了人家的人情？

否 / 是

是

日程时间允许吗？

否

是 / 否

去吧！别忘了把它加到日程表里！

婉拒，送个小礼物或写张纸条。

礼貌地拒绝："不了，谢谢！"

问问有没有花销少些、时间也合适的活动，或你真正想做的事情。

快速决定指南流程图

在开头列举的情况中，你不仅要付出时间（有时候也要金钱），而且可能还得不到回报。也许邀请你参加陌生人的18岁生日派对让你倍感慌乱，觉得不能更惨。又或许你这天就只想好好休息一下，所以没有亲自参加，而是给举办宝宝派对的人寄了一份礼品券和卡片。你也许拒绝了那个新娘单身派对，打算过后再约新娘单独出来喝几杯，这样就不会预算超支了。至于妈妈同事的女儿的事情，找个周日下午喝杯咖啡，反正那时候你也没打算出远门。

要记住，你的社交生活掌握在自己手里。我明白有些亲友聚会你没的选，只能参加，但是日程中肯定还有很多其他事你是有选择权的。

这不是让你成为只会拒绝别人邀请的坏人，而是想让事情发展成双方都能欣然接受的情况。要是有时实在难以两全，还是把自己放在第一位吧。瞧瞧我说的这话，难道是在劝你们要自私点吗？是的，就这意思。

好吧，开玩笑的啦。以下还有两个方法可以试一下。

首先，下次收到别人邀请的时候，先问问自己，要是必须得去，而且现在马上就要出发的话，你愿不愿意？当然，这个问题本身不怎么样，不过仍然可以是衡量你意愿的简单方式。因为你肯定知道如何选择，如果你正打算躺下美美睡上一觉时，突然收到了最好朋友的婚礼邀请，怎么也会挣扎着从床上起来，奔去婚礼现场的。

另外一个方法是每个星期为自己安排一个"自由之夜"的额度。你可以每周选两个晚上，告诉自己，这是你的自由时间，没有任何计划，也无须应付什么。"自由之夜"的数量可以不断调整，直到找到一个合适的额度，既不会让你觉得自己活得像个隐士，也能有时间为自己做顿好饭，在沙发上看看纪录片等。有时候制订一些衡量的方法很有帮助，还真别说，这两个方法就对我一直很管用，让我活得充实无比，但又不至于忙到窒息。

生活中，有许多方面是我们无法掌控的，比如每周一上班必须参加的集体会议，又比如咖啡连锁店里掺水太多的热巧克力（对我们这种不喜欢喝咖啡只能选热巧克力的人太不友好了）。但是社交生活是你完全可以掌控的部分，一切都取决于你自己。你可以和自己觉得舒服的人待着，和同样珍惜你的朋友在一起。至于不把你当朋友看的人，就没必要和他们花那么多时间，甚至根本不用搭理他们。道理非常简单——你是自己社交生活的主宰！

在社交生活的具体安排上，说"不"才是你最好的招数。推掉那些实在不想去的活动，腾出时间去做自己特别想做的事吧。工作日的午休时间和下班后，可以见见朋友（是不是有点儿像校园生活了？），周末也不用车旅奔波4个半小时参加一个5年都没好好聊过天的朋友的派对了。这样一来，社交生活一定会更舒服，你也会更加开心、更加放松，既可以享受远离办公桌的生活，也可以充分利用你的床铺。

生活

到底如何说"不"

我想说的是，我们中有很大一部分人都认为自己是讨好型人格——不喜欢把事情搞砸，以别人的幸福为幸福。这样很好，我也100%会将自己归到这类人中。如果有人因为我的行为举止给我贴上"烦人精"的标签，我会尴尬无比，就像在"超级碗"那种盛大场合走光了一样。不过对其他人来说，这可能不是什么大事儿。如果你是那种"天不怕地不怕"的人，请不要介怀，让我沾沾你的"仙气儿"吧，因为对于我这种讨好型人格的人来说，对别人说"不"真的痛苦无比。

不过你知道有什么比对别人说"不"还要更痛苦的吗？那就是拒绝一个你之前已经答应了的邀请。啊！太不靠谱了吧！这样的人谁会喜欢，也没人会愿意成为这种不靠谱的人，还不如一开始就开诚布公地说无法参加，这样所有人的心里还能更好受些，也包括你自己。但有时我们没法直接说"不"，这种潜在的棘手情况该如何处理呢？我这里有些建议。

陷入窘境时

收到别人的邀请时，尽管你并不想去，最简单的选择就是冲动之下点头答应，接下来我教你的方法虽然有点儿损，但不管怎样，当下不要答应任何事，用上那个老套路："我得看一下日程安排再做打算，现在还有很多事儿没写上去呢"，然后择日找个借口推掉。

对方失望时

这种感觉最让人心疼了。我们都害怕听到的一句话可能就是"我白期待了"。不过你要是真的不想参加，最好还是坦诚一些。解释一下拒绝的原因，不仅可以让朋友更理解你，或许还可以扭转一下局面，找个你们可以一起参加的活动弥补一下。

欠人人情时

唉，又一个经典状况——还人情！觉得自己的工作量太大的话，没有时间，那就说出来。也许别人可以帮一帮你，或者可以减少一些工作量呢？如果日程太满，很难加入新的活动，那就诚实一点，告诉别人自己可能要先欠个人情，再问问活动时间有没有可能做出调整。

想做好事时

有时候你可能觉得自己应该接受邀请，因为活动本身有益无害，或者真能帮助到其他人。可内心深处你知道自己没办法加入这个活动安排。那有没有其他可以间接给予帮助的方式呢？就算婉拒，也表达一下自己的支持，问问有没有其他可以帮得上忙的。

生命不息，学习不止。经历了这些不同的情况后，你可以微调一下自己的"是/否"开关，清楚什么时候该接受，什么时候该拒绝，以此使自己的生活、工作、家庭三者达到和谐的状态，留出更多时间来做能让你开怀大笑的事情，看谁还说你不靠谱。

作者有话说

人们现在越来越追求那种可以发朋友圈的完美社交生活，比如，一年放好几次假、和朋友去享受异国风情、每周都下馆子、喝那种插着烟花棒的酒，那酒钱比你买双鞋花的钱还多。这也就怪不得人们迫切想要提高业余时间的档次了。如果这种生活能让你开心，并且对烟花和灰雁伏特加毫无抵抗力，那么请尽情"享用"我这本书。如果这不是你想要的生活，也没有必要伤心。生活有时就是很无趣、很痛苦，但社交可以为你注入快乐。如果你从前面提到的方法中获得了说"不"的胆量，那现在就可以乐观些，相信自己可以将业余时间分配好，让自己达到最佳状态。和朋友的下次聚会该如何"加点儿料"，是不是也有新想法了？是有人在说"蹦迪、夜光礼服、素食、空中瑜伽"吗？

我们的社交生活总围绕着短期计划进行，比如朋友生日、午休、每周普拉提（八卦讨论）课程，但何不把目光放长远些呢？比如，如何将目前谈到的所有方面都汇集到一个"人生整理"的大计划中去，以 5 年为一个节点，让这个计划带领我们一步一步走向理想的生活状态中去呢？别担心，我刚好有妙招……

写给未来的自己：
树立目标与制订
可行的计划

学习如何将长期目标安排进日常生活，为生活明确目标、指明方向，最终真正地洞察这些目标，这样就算生活不按计划进行也能心有对策。

中学时，我是校英式篮球队的射球手，所以对如何击中目标略知一二。进球的感觉是不错，不过少不了策略的运用和勤奋的练习。如果你运动的时候喜欢聊天，想着能少跑点儿就少跑点儿，我建议你试试英式篮球射球手这个位置，这曾经就是我的理想站位。虽然在小学选拔赛时我只打进了可怜的C队，但好在我胳膊长、腿长，高出所有队友大概30厘米（没错，我当时就像弹力强人阿姆斯特朗），所以高中毕业时，我终于打入了最高级别的A队。我打得并不算太烂，这让我自己也挺惊讶的。我也经常和其他队的射球手交个朋友（尤其是他们队完全碾压我们的时候），好让我们多进点儿球。我投球当然不是全靠运气，我们每周都要训练，风雨无阻，梦想着能打赢我们郡的年度锦标赛。那时目标明确，我们也都为此倾尽全力。比如那时为了更好进入状态，我们只穿短裙，里面也没穿运动裤，然后在球场上冻成了"人体冰棍"。遗憾的是，我们最后没能捧得那个奖杯。不过有一年我们打到了第四名！这也给我上了宝贵的一课，让我懂得了心无旁骛与坚定不移，知道了树立目标的重要性，也明白了自己不适合穿百褶短裙。

就运动而言，"目标"可以是投个不沾框的空心球，或者把球踢进网。但在"人生整理"的语境下，"目标"是一个可以为之奋斗的结局，它的实现与否与一个人的意志力直接相关。"目标"也是为自己制定的使命宣言，可以是追求身体健康、精神富足、经济回报或个人利益等。它可以是一个小小的改变，比如保证每天喝两升水。我知道，这话你听得耳朵都起茧了。而且这种改变也真是小得可以，不过你的最终目标是让皮肤更润泽，并且尽情享受多喝水带来的诸多益处。来吧！水润的皮肤！可能你还有更宏大的目标，比如想要继续深造，好为自己找个理想的工作。加油吧，姑娘！为自己树立好目标，无须多具体，也无须多远大，以此给你一个框架，为你的生活掌舵，朝着你期望的方向前行。

真的追根究底来说的话，没有目标就约等于人生没有方向。听起来挺夸张的，但是如果心里燃起一簇小火苗，不管因何而起，都是个奔头，让我们值得为之努力。若把目标切分开来，我们就知道每天该做些什么，然后一点一点完成心中的那个大愿景，用 1 周也好，1 年、5 年也罢，最终总会实现的。

可能你已经有了目标，不过就是把它们搁置了。虽然还未行动，但你从态度到决策都受到了它们的影响。也许你极其热衷于树立目标，把它们都贴在冰箱上，每天早上起床都能看到。不管你是上面两种情况中的哪种，还是处于某种中间地带，这一章都会教你，如何先为自己打造目标，然后如何将目标融入日常生活中。接下来，就差临门一脚了。

我们已经到了"生活"部分的最后一章，"人生整理"的大部分基础也已经夯实了。全面整理了日程表，掌握了个人预算，吃得越来越有营养，锻炼得越来越勤，睡得也越来越踏实，你还努力挤时间来做自己想做的事情。任务一项接一项地完成了，可这之后又要做些什么呢？人总是要不断前进的，用魔法水晶球预测一下，未来要往哪儿走呢？绞尽脑汁思考一下，除了想让"高司令"抱着两只毛茸茸的小猫咪来到你家门前外，你到底还想要些什么？

本书开篇我就说过，留作业并不是我的风格，但以下这项作业确实益处多多，是个必要的步骤。所以抓起纸笔，与自己来一场心与心的交流吧。下面就是我在树立目标时的详细步骤。正好，咱开始吧！

---

1. 想象一下——"高司令"冲你喊道："你到底想要什么？"就像在电影《恋恋笔记本》里对女主角喊的那样。其实在电影里他的原话是："不用在意我想要什么，他想要什么，或者你父母想要什么。你自己想要的是什么？"这才是我想强调的重点。谢了，"高司令"！

2. 拿一张纸，分成四部分，每部分标注一个主题，分别是：金钱、生活质量、个人、事业。当然，如果有和你目标更为契合的主题，可以随意更换。我觉得进行主题划分就相当于给我们一个放大镜，让我们更为细致地对生活中的某一方面进行思考，从而更细致地梳理好我们的生活。

3. 有没有什么事情是迫在眉睫要先去解决的？对于正在解决的事情你又作何感想？有没有需要改进的地方？

> 你可能觉得自己被卡在了某些环节，但同时又忍不住在其他方面树立新的目标。别乱来！照规矩走！把目标迅速写下来，写完后，"高司令"的那个问题你就有答案了。

需要灵感吗？可以看看我目前的目标：

财务

● 每月至少存250英镑作为下一次搬家的费用。

● 12个月之内不买设计师手袋，有啥包就先用啥，知足常乐。

生活质量

● 每天（至少）喝2升水！

● 接下来的12个月尝试4种不同的健身课程。

个人

● 将每日手机屏幕平均使用时间降到2小时以下。

● 练习回复消息的技巧，学着做个更称职的朋友。

● 1个月读1本书。

事业

● 学习使用图片编辑软件，比如Light room或者Photoshop。

● 在杂志上发表1篇文章。

我这些目标记下了吗？很好！等"高司令"对你目瞪口呆吧！你可能会觉得有的目标需要严肃对待（比如今年不再买设计师手袋！），而有的目标可能会有些挑战，不过短期内实现也不是没有可能。无论目标是什么，无论完成期限是多久，只要内心深处真正想去做，那么未来的计划制订、日程安排、快速决策就都有了指引。不过进行下一步骤前，我们应当仔细审视一下每个目标，看看它们具体属于哪个主题。就拿"每天喝2升水"为例吧。这个目标简单明了，而且可以通过记录饮水量来判断目标是否达成。不过，像"做个更称职的朋友"这种目标就稍微有些难以界定了。这要如何去衡量，又要如何去实践呢？在进行下一步之前，把那些无法直接转化为具体行动的目标高亮出来，然后好好地润色完善一下。

树立可行的目标是门学问

别着急，先把每个目标都用以下四个步骤过一遍，将它们转化为具体的行动方案，确保自己最后会一一执行。别拖拖拉拉的，踏踏实实去做！

Specific 明确具体

Measurable 便于衡量

Achievable 切实可行

Realistic 相关

Time-managed 时限合理

生活的SMART法则

遵照SMART法则，调整一下你的目标，保证可以熨平你那因烦恼而紧皱的眉头，甩掉实现目标的路上可能遇见的困难。这就要求你的目标：

举个例子，"我想去塑形健身"这个目标是不错，但过去3年里你怕不是一直在说要去健身吧？然而查完附近健身房的位置后，屏幕边角上的健身裤广告就勾走了你的魂。老实说，健身裤在家看电视时穿也不错。不过要想立下一个能让自己全身心投入的目标，就吃了我这剂解药，试试SMART法则吧！

如果把目标定为"之后的3个月每周上两次健身课"是不是好多了？首先，这很明确具体，没有讨价还价的余地。同时也便于衡量，每周上完两次课在本子上打个钩就行了。而且1周两次也可以很好地安排进日程表，不用做太多调整变动。此外，按照你现在的健康水平来说，两周一次是切实可行的。练3个月没那么久，但也足够培养一个新习惯，看到一些改变了。所以这个时限看起来还是密切相关且合理的。看，这种方法行得通吧！把每个目标都用这个法则过一遍，你就能立马拥有具体的行动方案了。

眼见为实

把目标贴在自己可以看到的地方。我知道这话看起来很套路，是不是接下来还要让大家"穿着亚麻睡衣，边喝小麦草汁边在厨房欣赏窗外的海景"呀？我承诺过，本书绝对不会鼓吹这样的画面。但是无论如何，对我来说，把目标贴在家里常去的地方对我有警醒作用，因此目标达成的概率也就更大。我以前总是不能免俗地在年初树立目标，但等到大概2月10号左右你再问我目标具体是什么，我估计已经说不出一个准确答案了。要是这样的话，当初何必去制订呢？这也证明了我之前不过是在拼凑一些枯燥乏味、我自己都没有足够动力去实现的目标罢了。直到有一年，我把目标都打印出来，钉在了办公桌上方，就在电脑旁，以此提醒自己接下来的 12 个月该怎么做。那一年的最后，8 个目标中我完成了 6 个。是巧合吗？我觉得不是。

避免条条框框

人总是喜欢给自己加些条条框框，告诉自己什么事不能做。可约束得越紧，就越会适得其反。比如，要是上个星期点了太多达美乐比萨外卖，我就会树立一个健康饮食的目标。可坚持不到两天，我就会想起冰箱还有冰激凌（含有棉花糖、焦糖和小鱼形状巧克力的特殊口味），然后去一通乱翻。就是因为这样，我才像躲瘟疫一样拒绝节食，拒绝给食物加上条条框框。我什么都吃，并且每种东西都追求适量。我们的口号是：全民冰激凌！全民吃比萨！（果蔬也不能落下！）。所以在树立目标时，与其说"不要"做什么，比如"不要吃任何含糖的零食"，不如说"要做"什么，比如"我每天至少要吃 5 种不同的果蔬"。这样你满脑子想的都是营养食物，意志力就不受干扰了（冰激凌也会好好在冰箱里待着）。

一个人像一支队伍

树立目标的过程是孤独的，需要量体裁衣。虽然听听别人的目标也能有些用处，但是别忘了"高司令"的建议，只考虑自己的期望和抱负就好了。说真的，我不觉得我爸妈会期望我成为给自己打工的博主，但这份职业我真的太喜欢了。而且我爸爸一直以来都是我最大的支持者，帮我解决了很多财务上的问题（谢谢爸爸！），妈妈也很喜欢我给她的那些护手霜小赠品。我当初拿到的是心理学学位，众人的期盼、优异的成绩和老师们的鼓励都在把我往心理学的路上推，可如今我却踏上了另一条路。我很幸运能找到现在的这条路，身边人也对此惊讶不已。一开始我并没有意识到这是我这辈子做的最冒险的一个决定，好在付出有了回报。所以屏蔽掉脑海里别人的声音，专注于你自己的声音吧，那个声音说不定就在某个角落轻轻回荡，等待你去发现呢。另外，要想树立的目标能达成，就要保证目标和自己相关，记住，只与自己相关，不要把他人牵扯进来。

好了，目标都树立好了吧？贴到你每天能看到的地方了吗？很好。现在，你需要想想如何把这些目标毫不费力地安排进生活当中，如何记录并观察目标的进展。步骤如下：首先我们需要为每个目标构思一个行动方案。目前还不用把方案做成我那种花里胡哨的表格，就像在参加什么比赛一样（没错，老师面前的红人都这么好胜）。先想想你每天、每周、每个月都具体要做些什么才能完成这些目标。那些每日必做的事到最后很可能会成为一种习惯（而且你之前还把目标都贴在了显眼的位置，每天都能提醒你），不过每周和每月事项可能需要你写进日程里好好重视一下了，这样才好去一一实现。下面就是我制订的 3 个目标的具体方案：

	每日计划	每周计划	每月计划
每月至少存250英镑	出门在外不盲目消费，购买衣食，严格遵守预算	每周更新预算，确保花销处于正轨	开通直接借记服务，把钱自动存进储蓄账户。能存则存，多多益善
每日手机屏幕平均使用时间控制在2小时以内	下载应用软件记录屏幕使用时间。隔天早上查看统计数据	分析过去一周的屏幕使用时长，总结规律，相应调整个人习惯	完成一次"数码排毒"，进一步戒掉对手机的依赖
1年内尝试4种不同的健身课程	留心看看有没有想参加的健身课程。问问家人、朋友有没推荐	坚持锻炼，思考自己下一个健身班要报什么。把想法好好研究一下	筛选课程，每3~4个月报1个新课程

每日计划肯定都会记着去做，再把每周和每月计划添加到手机提醒事项中，落实以上每项任务，这样就立马拥有了一周7天、每天24小时都可以为之奋斗的目标了。既不会让人压力太大，实现这些目标的概率也能更大。我建议你也像我这样，把这些计划添加到提醒事项中，或写到纸质日程本上，再高亮出来，或设置重复提醒的手机闹铃。如果你钟爱子弹笔记，可以新开两页纸，一

边写上每日、每周、每月的行动计划，另一边画好带有日期的核对清单，供完成后一一打钩。

有些目标可能一周或者一个月就完成了。不过，我们为自己制订的目标通常是以12个月为期限的。那么就让我们来谈谈制订新年计划的热潮吧，这种计划值得定吗？

闲聊新年计划

你可能也注意到了，我在这一章里总是提到"12个月"这个时间段，正好是一年，也好巧不巧地把我们引到了新年计划这个话题上。新年计划就跟马麦酱似的，不是吗？有人喜欢，有人讨厌。有的人喜欢得不行，每当新年第一天来临就迫不及待地立下各种决心，而有的人光是想到新年计划就犯恶心，还得转手发条朋友圈吐槽一番。我呢，属于前一种人。我是目标制订的"死忠粉"，而且新年第一个月的第一天对我来说就像开启了新篇章。但是，无论做什么，我都爱在第一天掉链子，比如第一天上学、第一天上班等。"第一天"让我有借口可以去买新笔袋、整理东西、感受新的环境。对自己说："新生活，我来了！"新年是全年独有的两个可以重新开始的机会之一，另一个是9月初的时候，那时四处洋溢着新学年的气氛。这种感觉很有感染力，我懂。

如果你喜欢制订新年计划，时机也刚好，那就行动起来吧！给自己制订点儿目标，用用我上面分享的建议，然后享受整个过程吧。不喜欢也没关系，先耐心听我说完。我觉得我们一直有个错误的观念，觉得要是1月1号没制订好新年计划，就必须要再等一整年才能重新制订目标。大错特错！的确，不是在新年伊始制订的计划可能真算不上"新年计划"，但要是你8月的时候突然很想制订个目标，希望12月或者明年夏天前实现，那有什么可犹豫的呢？只要感觉对了，管它什么时候，抛开这种错误观念竖个中指，然后开始制订目标吧。

这些年来，我的新年计划完成效果各有不同。有些计划，我按照安排坚持了下来。其中最值得一提的是2015—2017年这两年间，我一直坚持举重。而有些计划当我立下之后两周都没有什么进展，于是便把那页计划从笔记本上撕掉，将它们抛之脑后了，直到下一个除夕夜来临才想起来还有过这么一回事儿。举个典型的例子：我总下决心要报些语言班，好好学学法语和意大利语，但从来没有坚持到底，可能是我特别害怕大声讲外语的缘故，所以真得在报班前一对一找个老师辅导一下。我还曾下定决心每天早上起来都要穿正装，梳妆整齐，就和去上班一样，让自己感觉更加"蓄势待发"（就算如此，也没必要穿束腰，真的）。我觉得对我最有用的方法就是让目标一直停留在脑海里，你可以像我一样把目标钉在办公桌上方的墙上，如果你是个"视觉动物"，也可以做个情绪板，不管用哪种方式，都要先花点时间酝酿好目标。不用非得跟你朋友的目标一模一样，也不用跟风喝思慕雪当早餐，只考虑自己就好。"我"的动力从何而来？"我"喜欢什么？有哪些方面是"我"想在日常生活中慢慢提升的？

另一种常见的错误看法就是觉得新年计划严格死板。要是下定决心要学一门乐器，但一年的 1/4 过去了，还是对那种乐器毫无兴趣怎么办？要是不想去练尤克里里的想法，足以让你想装成妈妈写张病假条交上去时又该怎么办？如果你已经很认真地尝试过了，但是这些目标就是不适合你，就反思一下，做出调整，想想自己真正喜欢什么。可能你只需要换个老师，换种乐器，或者可以通过视频自学，不过也可能你根本不是学乐器的那块儿料。记得每隔一段时间就检查一下自己的目标，建议至少每 3 个月一次，只要不合适就赶紧调整。灵活地调整目标并不意味着你失败了或者行事不靠谱，相反，这意味着你善于反思、应变能力强。

"烧脑"的 5 年计划

新年计划我们都熟悉，大多数人年年都制订，就算没有这么频繁，至少也都尝试过，想看看合不合适。在目标制订的概念里，新年计划就是时限为一年的目标。这些目标往往较具体，是我们远大理想的一部分。所以，怎样才能看看 5 年计划适不适合自己呢？瞧见了吧？长期目标我们也谈。卸掉厚厚的保湿粉底和美白霜，褪去外在的一切之后，就能发现内心深处的某个地方，几乎每个人都在"熬制"着一个 5 年计划，只不过它刚刚"开锅"，还没能"品尝"呢。这差不多是我们能为自己找的期限最长的目标了，不管我们意识到与否，它都奠定了我们的生活轨迹。

总有人问我5年计划的问题，也许是因为在网上搜索相关信息时，出现的都是时长堪比一部电影的视频和花四五个小时才能读完的文章吧。人们总觉得五年计划制订起来耗时又耗神，表面上看，好像光想出来一个5年计划就要花上5年。实话实说，我就觉得5年计划目前不适合我。5年时间里，我从住在父母房子里的单人储物间到现在有了自己的房子，从来回通勤需要4小时的全职工作，到现在成了全职博主，成功把爱好发展成了职业，变化大得自己都不敢相信。在这段时间里，我的目标一直在调整变化，即使现在，我仍然觉得自己还处在目标调整的阶段，上个月刚立下的目标，这个月就又变了一点儿。当然，那些需要花上5年甚至更长时间来达成的目标一直都在我心里藏着呢，但是我感觉，要是一下子把这些目标都制订下来对我来说任务太重，我还得不断操心，对它们进行调整。相反，我的目标设置的都是一年期的，我也非常满意，不会给自己太大压力，目前看来也挺适合我的。我定期上普拉提核心床课程已经有两年了，而且肯定会继续坚持下去。新年计划！必胜！

然而，我也有朋友觉得自己比较适合5年计划，所以我就向他们请教了一下长期计划比短期计划好在哪里，原因是什么。一个首要共识就是长期计划让他们有了更强的方向感，有这样的计划在身，感觉自己的生活尽在掌控，虽然有时真实情况并非如此。大多数人制订5年计划是为了让职业愿景更丰满一些，而另一些人关注的则是5年之后生活的方方面面，以及这5年内要做的事。他们都认同的一点就是，有了5年计划，可以给每年都设定一个主题。比如，第一年是"储蓄年"，下一年是"旅行年"，再下一年是"职场晋升年"。也就是说，他们每年可以奔着相应的主题而努力，达成目标的可能性也就更大了。所以5年计划就会由此细分为年度计划，年度计划又可以再切分为迷你新年计划之类的。听着不错吧，想看看适不适合你吗？

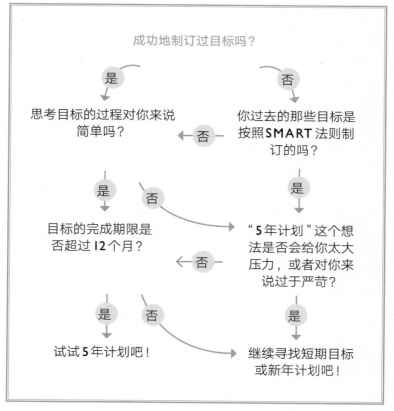

长/短期计划选择流程图

谈到各自的长期目标是如何拼凑起来的，大家的过程听起来都没那么烦琐，没有那种复杂到让我有按下发射键，一下子从椅子上弹到月球的冲动。其实，过程还真挺简单，就（几乎）和制订新年计划一样。关键在于先想好终极目标是什么，然后再往回捯。唉，我知道这是废话啦！他们的目标通常繁重而笼统，多和工作及生活方式相关，比如保持身心健康。但是每个5年目标都可以细化成几个小目标，正好**SMART**法则能派上用场。我记下了他们的方法，然后总结了一个"容易遵循，不易犯困"（这名字不太好听，我知道）的"四步法则"，帮你制订好自己的5年计划。

I. 思考一下3W问题。闭上眼，放松，想想希望自己5年后的生活变成什么样。

Who 你是谁？当然，除非现代医学水平在不久的将来突飞猛进，否则你仍是你。但是岁月流逝，我们都在变化和重塑着，所以想想你的生活方式、日常习惯、个人发展，有些东西虽然我们从来都不当回事，但是确实挺重要的，知道我说什么了吧？没错，就是你想的那些。

Where 你在哪？或许你会想象还住在同样的房间，或者你有没有想要搬个家？也许还是住在同一条路上，或者干脆搬出国呢？

What 你在干什么？在理想世界里，你愿意把一周中40多小时的时间花在什么事情上？做冰激凌品鉴师可不算，虽然我从3岁起的梦想工作就是这个。

2. **把思考转化为目标**。以上问题有了答案后，终极目标也就该浮出水面了，无论是事业上、财务上、个人生活上或其他方面的。目标不应是深藏地下而不可及的，如果你手里的铲子已经挖到膝盖那么深了还没找到目标，那就该质问一下自己，为什么要把它们藏这么深？

也许在"你在哪"那个问题上，你的答案是想象着自己5年后每日在纽约通勤。那么，你的目标之一就是在纽约生活，在那里找个工作。噔噔！解开缠住答案的枷锁，抹去灰尘，目标就如同未经雕琢的钻石呈现在你面前啦。我所有朋友都建议，制订5个目标就是极限了，所以就照着5个目标来，或者再少点儿，给大脑留些存储空间。

3. **年度主题**。在纽约生活，这个目标可能看似遥远，但是若把它分解成5个一年期，就显得可行多了。这就是五年计划的窍门，无论什么目标，用了这个方法，都会变得可行，那么这么有意思的方法到底该怎么使用呢？例子如下：

第一年：调整预算，增加储蓄，尽可能从各种渠道多挣钱。

第二年：在此基础上继续存钱。在网上卖掉旧衣服，把阁楼里的东西装到汽车后备箱里拿去卖掉，最后出国之前，找渠道卖掉家具。尽可能多存钱，目标是至少要比去年的存款翻一番。

第三年：研究在纽约如何找工作，家该怎么搬过去，该准备哪些文件，工作签证要如何办理。

第四年：所有事项都敲定。找好住所，安排好工作或实习面试。订好机票，出发前计划好预算，省得一到那儿就陷入债务危机。

第五年：开搬吧！带着所有行囊，前往纽约，搬到新家里，开始新工作，追求《欲望都市》里的那种梦想生活。也许用不了5年，也许5年还不够，这个框架灵活可调，好让我们有充足的时间把事项一一完成。计划达成的那天，点杯曼哈顿鸡尾酒来庆祝一下吧（两杯也行）！

4. **只关注最近一年的目标。**好，设想一下这样一个场景。比如，你给自己设定了3个目标，要用五年来完成，然后每个目标都分成了5个小目标，突然间，你面前就有了 15 个目标。现在，深呼吸。我朋友们还跟我强调过，一次应该只关注于最近一年的目标，他们说这一点特别重要。别想得太远，聚焦当下，按照之前计划好的进度脚踏实地去为现阶段目标而努力。这样的话，无论你朝着哪个方向努力，都不会畏缩恐惧，反而感觉是有奔头的。短期计划和新年计划一样，看看怎么把这些计划分解成每天、每周、每月的习惯，并且把截止日期或打钩清单加入日程表，安排在合适的位置。如此，5 年时间，一晃而过。

当然，生活喜欢四处给我们使点绊子，让我们失去追寻目标的方向。有时，是一些很烦人，却微不足道、不足为谈的小陷阱；有时，是改变一生的路障，可能会彻底改变我们的前进方向。那么，遭遇挫折后，如何爬起来，掸去身上的灰尘，重获信心呢？

挫折管理：生活并不总一帆风顺

生活是不是有时像一记耳光，让你跌跌撞撞，晕头转向。唉，真让人难受。别伤心，我有些建议给你：

● 哭。那就哭个够吧。当众哭，在公司厕所哭，下班回家路上戴着墨镜哭，对着电视哭。错过了《英国家庭烘焙大赛》的开头？哭！我觉得哭特别管用。尤其是像金·卡戴珊那种痛哭。

哭能释放精神压力，要是憋着，最后憋得喉咙后侧烧得慌，那能好受吗？尽情释放吧！

● 把心事一吐为快，要是你觉得管用的话。寻求帮助，没什么好丢脸的。给好友打电话，说到她耳朵起茧子为止。把朋友叫来一起点个外卖吃，好好聊聊你的烦心事。听听父母、兄弟姐妹，尤其是见过大风大浪的祖父母的建议。不用担心这样做会给别人增加负担，如果别人来找你倾吐心事、寻求建议，你也会义不容辞的。

● 当下想干什么就干什么吧。刚被甩，想注册一个交友软件寻找姻缘？我可是非常愿意帮你挑选一下你的主页照片。工作上碰到了不如意的事儿，今晚实在不想去健身了？没关系，下周再去也行。生活中遇到了某种突发事件，只想自己待会儿？别担心，取消掉日程本中所有社交活动吧，也不用觉得这样做太自私。听从自己的内心，想什么就做什么吧。

● 会不会觉得逃离常规生活一段时间能感觉好点儿，或者能帮你看清目前的状况呢？给自己预定个周末城市之旅吧，带上朋友一起！或者请几天假，去找外地的朋友，当几天他们的沙发客。我特别喜欢让朋友来我家沙发上住，并且会鼓足干劲招待他们，就好像经营了一个五星级民宿一样。希望你的好友也像我一样想。还可以晚上去看看父母，换个环境，即使时间很短，也能产生奇妙作用。

● 还想哭？放开哭吧！把化妆棉浸湿装进三明治袋，然后放入冰箱，消肿神器诞生，不用谢！

● 你到时会发现，所有这些建议都是短效药。因为你真正要做的就是熬过这一天而已。别操心明天或者下周，关注当下 **24** 小时就可以。想一边痛哭一边开车去买点儿垃圾食品？可以！想要转移注意力，忙个大工程？不错！不想离开床，只想穿着睡衣看 **20** 世纪 **90** 年代的经典言情片？我跟你一起！

哭够了，心里好受了，也第 **24** 次重温了《我恨你的十件事》。接下来，你可能就有心情调整一下自己的目标了。经历挫折后，目标或多或少有了些改变，或许你想把之前的目标推翻重建，这也挺好。要是想到那个最终目标时，你心里的小火苗都不再闪烁了，那该换就换吧。承认自己对某件事失去兴趣并不意味着一败涂地，别对自己那么苛刻。有时，我们需要放弃，需要和某些想法说再见；有时，我们需要一走了之；有时，我们变了，目标也得跟着变化。总会有一个新目标等着你，点燃你的内心之火，让你热血沸腾。你可能只需换个角度来看待自己的目标，对方法做出调整。没必要让一个小小挫折阻止了你追寻目标的脚步。

生活

作者有话说

我明白，这一节其实用几个字就可以概括：写下目标，这一次，好好坚持。但是，我们在这方面都做得太差劲了，所以我觉得有必要细化一下。坚持不下去是因为我们设定的目标都太不切实际了，根本提不起兴致来，当初只是觉得那是应该做的，就那样设定了。这样到最后肯定是灾难现场，感觉自己一事无成，总是半途而废，搞得自己意志消沉、垂头丧气。

但是这一切就要画句号了，对吗？现在，掌握了规则后，目标也可以变得可行了。SMART 法则也会让你越来越得心应手！喜欢这一节的内容吗？好歹知道了怎样试着安排未来目标和不同的时间框架。也许 12 月到来时你还是会制订新年计划，也许你还想制订一个 5 年长期计划。或许你目前仅仅是想锻炼一下制订目标的能力，设定一个下个月要实现的目标。你也知道，要是计划实行起来困难无比，比如圣诞节胡吃海塞之后还想穿下自己的牛仔裤，那就换一个吧，换个合适点儿的。别怕制订最终目标，也别怕为目标而努力。

但愿在目标的重要性方面，我们的看法是一致的。也许你感觉自己在目标方面都有数了，但是花一丁点儿时间在这方面才能真正帮你把目前琐碎的事情摆到桌面上，理出头绪，拼出你最终的那个愿景。掌握了这些知识，不仅能帮你圆满完成我之前磨破了嘴皮子讲过的各个事项，等我们到了下一章，其重要性也会得到显现。

好了，学完如何整理自己的生活，
现在，整理整理工作吧。

生活整理
检查清单

☐ 整理好日程表，找个适合自己的记录方式，然后在日程表里加入各项重要约会、会议和截止日期。

☐ 着手处理预算。从记录自己的收支开始，争取在6个月内制订好固定的预算计划。

☐ 开始善待自己吧！就像照顾自己刚被甩的朋友一样。休息到位，营养均衡，每天运动。提前一周计划好晚饭，早点儿睡。

☐ 来个"数码排毒"，就是结束后别把手机扔海里就行（因为你很有可能这么做）。定期来一次。

☐ 下回想说"不"的时候，就大胆说吧。要想释放自我，从繁忙日程中找寻平和与快乐，这一点很关键。

☐ 静心凝神15分钟，想想自己要制订些什么目标。敲定目标，每天回看，激励自己变优秀。

工作 ——— Work

现在，转向下一个话题——工作。对我们大多数人来说，一周至少有 **40** 个小时都在工作。职场，真的全是"槽点"。当今世界，我们被描述成了痴迷工作的一代，把人生大多数时间献给了工作，又因为工作背负着巨大压力，这一切都把我们推向"过劳"的边缘。并不是说工作应该毫无压力，压力肯定时不时会有，每个人都一样，但是有些方法我觉得可以轻松运用到工作中，让我们能喘口气儿。

给办公桌来个大扫除吧，因为就像我常说的那样，"牛仔裤一套，啥也干不好"，放到这一章就是"桌面杂乱无章，工作开不了张"。

然后咱们再谈谈如何用最有效的方法规划时间，为自己减轻点儿负担。学会给自己在邮件处理方面制订一些基本规则，提升邮箱操作效率，做个处理邮件的行家。

拖延症是恶魔，但也不堪一击，快一起来消灭它，让行动水平创新高吧！

麻利地行动起来吧！但要掌握好方法，别总让自己感觉力倦神疲的，对自己的工作产出心满意足才是好的。

让工作区干净清爽

清理掉办公桌上的杂七杂八，创造一个无干扰的空间，这样一来，无论是规划时间，还是处理工作，都会简单多了。我保证。

有句话叫：室内整齐，头脑清晰。办公桌也如此。办公区整齐有序，视觉上就没那么凌乱，你也不容易分心，如此，大脑就有更多空间处理工作。这个观点倒不是说有多新颖，但当文件开始在每个人的办公桌上堆积如山时，人们时常会忘记这个道理。有些工作需要使用大量纸质材料，搞得很难整理，有些工作就偏向电子方式，那堆起来的可就不是"纸塔"了，而是各种外卖包装盒。有些人可能工作时没有固定办公桌，还有些人可能有自己的办公室（看看自己是哪种！）。或许你有自己的小格子间，或轮用的办公桌，再或者你是"居家工作，工作日只能看到快递小哥"队伍里的一员（我就是！）。

无论工作形式如何，工作区都应该有。要想给自己的日常工作和一周5天的苦工注入一些好的基本习惯，我有个好主意，先整理一下工作区吧。好好规划一下，想着如何让自己使用起来最方便，不耽误工作。分散注意力的东西越少越好，免得下午茶时掉进视频网站的奇妙世界。要想整理好自己的工作，这便是关键。我做过各类工作，见识过各种工作区。最开始是在零售业（没有办公桌，只有个储物柜，藏着我上午要吃的饼干），然后到了酒吧（没有自己的空间，除了洗碗机旁有个可以放包的地儿），最后还做过各种各样的公关工作（拥有了自己的办公桌，这才感觉有个大人样了）。所有老套的东西我都置办过一遍——盆栽、迷你相框、书、椅子背上的备用夹克，基本上把家都搬过去了。唯一缺的就是美剧里的那种纸箱，要是哪天走人了，把全部家当往里一装就能抱走。告别最后一份公关工作后，我成了一名全职博主，办公桌的样式也打了折扣，从一张大到够4个人共进晚宴的桌子，到一张晃晃悠悠的电脑桌——这是我从宜家买来的，安置在厨房的垃圾桶旁边，差不多也就能放台笔记本电脑。当然，这只是暂时的。好在我有一把无比舒适的椅子，桌上摆了个花瓶，每周换次水，也精简了桌子上的东西，只剩下必需品，多亏了这些，我在厨房的这个角落完成了不少满意的工作。

最近，我把办公区升级成一个家庭办公室。占用了一整个房间！至今仍不敢相信！我拥有了一个成人尺寸的办公桌，还有一台打印机！要是想躺着写点儿博文，在沙发上就能搞定！还有个抽屉，藏着我囤便利贴的秘密嗜好！这种装潢让办公区宽敞了不少，也更实用了，但老实说，工作产出还是一样的，这告诉我们一个道理：工作区是大还是小并不重要；坐的椅子是贵还是便宜，有没有噪声，或者办公桌能围坐多少人（要是弄个晚餐或圣诞聚会的话人能不能坐得下），这些都影响不了你的工作产出。重要的是，工作区要干净整洁、分类明确、功能性强，还得舒服（尤其是你要久坐的话），要尽量在自己觉得最高效的环境里工作。要是你的桌子太小，放台笔记本电脑都费劲，平日里看起来也不怎么顺眼（若头天晚上家里还做了鱼，局促空间里的那股味儿就更忍不了了），那就先确保桌子整洁、有条理，再给自己买个好看的盆栽，让自己心情愉悦点儿，然后就先适应着吧。无论是待在小格子间还是咖啡厅里，舒适、安静就可以了。你的工作区是否非常拥挤、混乱？给办公桌"排排毒"吧，方法如下：

一小时办公桌大扫除

1. 清理办公桌。等我们进行到本书的下一个阶段——"精简物品，精简人生"那个章节时，你就会发现，开始整理东西时，我特别喜欢先把它们堆成山。把所有东西都拿出来，扔成一堆，然后再开始整理。看见本来在办公桌上的东西都堆一块儿，你可能会有点儿慌。但把桌子上的东西都清走，会更方便你边清理边好好擦擦桌子。要是没有桌子，只有个储物柜或电脑包来放所有工作文件的话，以上方法也同样适用。

2. 文件分类。整理好办公室的杂物，分类处理。

纸质文件　分成三堆：一堆是可回收的垃圾文件；一堆是出于某种原因不能以电子版留存的文件（也许是需要签字的文件或者是必须亲自保管的客户资料）；最后一堆是可以扫描成电子版存进电脑的文件（除了前两类，剩下的基本上都是第三类）。

装饰用品　有些小摆设不仅看着高兴不起来（一些东西本身长得就不讨你欢心！），也显乱，肯定有这样的东西吧？赶紧扔了吧！

有用的　保管好这些常用的东西，一周起码能用上一次的都归到这类里，最好放到触手可及的地方。

没用的 能捐赠的东西，或能转手送给其他同事的东西（比如再也用不到的阅读材料或者从来没用过的办公用品），都收到一起处理。桌子上的东西越少，眼神就越不容易游离，精神也就越容易集中。

3. 调整布局。还有一条规则，准备好了吗？这条小小的规则不是那么严苛，遵守起来很容易，能帮你保持刚整理好的桌子整洁有序。几乎每个工作日都会用到的东西，就放得离自己近点儿，要不就收好了，要不就摆在桌面上，保持好整洁。不是每个工作日都要用的东西，就找地方放起来吧。用这种方法试验大概一周的时间。**90%**用得着的东西都放在手边，不离开椅子就能够拿到。如果需要点儿什么东西，还得站起来，或者要移步到房间的另一边才能拿到，那就调整调整，重新规划一下布局，最终目标就是办公需要的东西都触手可及，让你起身的唯一原因只能是去拿个羊角面包作为上午茶，而不是去拿笔。

4. 整理储物空间。在还没想好要放什么东西之前，我通常不喜欢先采购，因为我们总是什么都往里塞，为了塞而塞，但其实基础的收纳工作我们都做完了。整理完那堆常用品后，也许你发现自己需要解决一下储物空间问题了。办公桌旁边的一组抽屉或许是个归置常用文件的好地方，找起来也容易。文具收纳盒也不错，可以放笔和回形针。铅笔盒！风琴文件夹！文件盒！抓住精髓了吧！也许这些都是办公室里的老一套了，但用起来确实很方便，能保持桌面整齐有条理。而且，有了这些帮手，给你的物件儿一个家，"比萨纸塔"再现的概率就小多了。储物柜里的东西能拿的就拿出来用，缺什么的话再列个购物清单，找个午休时间去文具店补齐。

我的办公桌必备品

子弹笔记

详情请见下一章。看了之后你就会知道，我讲的其实不是那种典型的子弹笔记，只是用了子弹笔记的一些技巧来帮我进行规划和安排时间。我还有他们售卖的子弹笔记的纸质版。我所有的写作计划和每日必做清单都记在上面，这个本子走到哪儿带到哪儿。

文具

虽然我是个文具迷，但我拥有的文具屈指可数，因为我知道自己看到封皮可爱的笔记本就会忍不住想买，所以干脆一开始就不去想它们。一支蓝色圆珠笔、一把剪刀、一把尺子（做子弹笔记很方便）、一包便利贴、粉色和黄色荧光笔各一支，用来区分日程表中不同的事项，这就是我手头的所有文具了。看见了吧？简化文具的任务就这样完成啦！

工作

读物

我桌上的纸质读物不多，最近读的**80%**都是电子版的。不过，像我正在读的那种说"姑娘加油！你能做到！"的自我激励式书籍，我喜欢留在桌面上，经常翻翻。阅读过程中看到觉得以后会有帮助的地方，便在那页贴上便利贴。虽然这可能破了我之前立的规矩——桌子上放的东西必须是每天都要用的，但我的确每周至少会翻阅一次，从中引用几个观点，获取一些建议，帮我处理手头的问题。我试着为此举找个好的理由，但不得不承认，这些书确实给办公桌起到了些点缀作用，这才是我想留下它们的真正原因。有啥大不了的，一小摞书，无伤大雅。

纸质文件

我所有的工作文件都存在了电脑或云盘里，虽然我也不知道云盘到底是个什么原理。平常要书面签署的合同或者要手写的表格少之又少，所以要是有需要完成的，我都把它们放在办公桌的正中央，提醒自己赶紧弄完。但通常情况下，我桌子上唯一的纸质文件就是一大堆英国皇家邮政留下的"抱歉，您不在家"的卡片，通知我要自己去取包裹。

美妆用品

我是美妆博主出身，看到这个身份，你可能觉得我光补妆用的化妆品就有一抽屉，但咱们还是直面现实吧——我在家工作，唯一的社交对象就是快递小哥，只有见的人不是他们也不是我老公的时候，我才化妆，每周大概**3**次吧。因此，我桌子上唯一的美妆用品就是润唇膏，一天下来也完全足够了。我要是办公室一族，可能就会升级一下装备了，配上遮瑕膏、眉毛梳、面部喷雾（空调太要命了），还有唇彩，这样就够我在办公室从早忙到晚了。

家具

我知道，咱们在谈桌上必备品。不过除了桌子，我的家庭办公室里还有几件其他必备品：藏在桌下的打印机，那是我能找到的最佳藏匿地点（想让打印机变得时髦真是难如登天）；能旋转的软垫办公椅（旋转椅是刚需，主要是因为好玩）；还有一盏台灯，冬天天黑得早，这时有盏灯就显得极其方便了，要是有客人留宿，办公室也兼客卧，台灯也能增添点儿氛围。

在家工作吗？

由于不用坐班的人越来越多了，不仅省去了通勤时间，工作安排也灵活起来了。真的想对居家工作的朋友致意一下，无论是全职在家还是偶尔在家工作的。我曾在创业公司坐过两年办公室，那时候早上 7 点就得去办公室打开电脑，一工作就是 12 个小时，简直不敢相信有朝一日自己工作时可以穿着睡袍瞎晃。而现在我终于可以不用穿正装工作啦！居家工作、独自一人是挺奇怪的。在自己的小空间里，虽然没了圣诞节派对，也没了职场社交，但是可以穿带松紧带的裤子啊！而且，所有人都觉得你一周 7 天、一天 24 小时都很清闲，一歇班就会来约你。

工作

这么说吧，曾经有段日子，我没完没了地看《杰瑞米·凯尔脱口秀》，不停吃点心，宅在家里，甚至不记得上次出门是什么时候，到头来感觉自己头脑发蒙、身材臃肿、急需洗澡。那种日子过得挺傻的，还让人特别颓废。无论在哪儿工作，都有可能经历这样一段时期——放弃身材管理，肚子圆得像吞了一整个瓜似的，什么都不想干，只想看霍莉·威洛比和菲利普·斯科菲尔德在节目里谈了什么怪诞的话题，待办清单也抛之脑后，越积越多……以上这些"症状"我们还是越少越好。加入"家庭工作者"大军将近 **7** 年的时间里，我摸索出 **3** 条黄金法则：

1. 白天开电视？想都别想！离遥控器远点儿！

2. 利用好在家的时间，吃点儿有营养的，别总拿饼干糊弄事儿。跟你说，我曾经常常拿波路梦饼干当午饭吃。改掉这个习惯最好的方式就是，一开始就别买，把橱柜塞满营养食品。我是个嘴巴停不下来的人，所以确保每天上午 **11** 点、下午 **2** 点、**3** 点、**4** 点的零食时间都有自制的保健零食可以吃。我爱零食！

3. 每天出门走走。别找借口！即使只是绕着街区走一圈，也真的会有神奇的效果，精神上、身体上都是如此。要是感觉哪条创作动脉堵了，灵感发挥不出来，出门走走也能帮你疏通脉络。

为我所用

不管是在哪儿工作——家还是办公室，反正都是工作。当然，每个人的工作区布置得都有所不同，但是有些基本方面能帮助你进入工作状态，无论在哪儿，无论工作环境如何。以下建议可进行调整，适合自己就好。

安全第一

我知道自己看起来像是在进行健康与安全宣讲，无聊得很，但是坐得舒服真的挺重要。看过那张正确坐姿的示意图吗？一个人端坐着，眼睛直视着屏幕。这个姿势一点儿毛病都没有，经年累月，脊柱会对你感激涕零。所以不管你干什么，坐在哪里，舒服才是关键，别蜷着，腰部使上点劲儿。还有，屏幕亮度别超过**75%**。

在家：每半小时离开电脑，休息**5**分钟，要是做不到，那就至少每小时一次。我喜欢在需要电脑和不需要电脑的任务之间不断切换，这样不至于觉得自己一天除了电脑屏幕什么都没看。

在办公室：各位有福了，总有例会可开。能和别人接触多难得啊！正好可以利用开会的时间躲开屏幕的强光，可能的话，拿纸笔做个会议记录吧。

合理利用午休时间

在零售业工作的时候，午休时间对我可太宝贵了，一是可以好好休息休息，二是可以借这段时间去商场外面的小摊买块比萨。如今，午餐我们都是随便对付，早吃完早了事，谁让要做的事太多了，时间又不够。我不是说让你餐餐准备三菜一汤，但是午饭还是要好好品味的，午休、午休，重点是"休"嘛，而不是在办公桌上就把午餐解决了。

在家：远离工作，离开办公椅，去客厅里的单人沙发上坐坐也未尝不可。换个环境，歇一歇。忍住冲动，别吃垃圾食品，要不半个小时后又饿了。要是有昨晚的剩饭能吃一吃就最好啦！

在办公室：一样，离开办公椅，利用好员工休息区，能多去就多去。吃饭的时候就忍住查收邮件的冲动吧，要是非得玩会儿手机，就借这段时间和朋友、家人聊聊天，别聊工作就行。想省钱就最好自己带午饭，不过有时间的话还是去室外待10分钟，就算不吃午饭也出去走走，伸伸腿，晒晒太阳，给自己的骨头补充一下维生素D，呼吸点儿新鲜空气，养养肺。

别和身体过不去

在职场上，除了递交辞职信，请病假也算得上惊心动魄了，结果往往还不顺利。但是别和自己的身体过不去。要是一边对付流感、抗击病毒，一边处理各种待办事项，就剥夺了身体所需的休息时间，在这种身体状况下完成的工作，质量远不如平常。

在家: 对个体经营者来说，给自己放病假可太难下定决心了，但是为了休养好身体，放多久都有必要，这种妥协意识得有。人人都会生病，病了就要休息。所以，把电脑搁在一边吧，对自己好点儿，顺着自己的身体来，它让你休息，就赶紧休息吧！

在办公室: 没人喜欢朝九晚五都坐在一堆细菌旁边，要是感觉不舒服，就尽快告知老板。病得不轻的话，就请个病假。要是你每隔10分钟打一个喷嚏，但感觉还能工作，又不想传染给同事，就跟老板商量，看能不能回家工作，大伙儿都会感谢你的体贴。

同事们

遇到什么样的同事就像买彩票，全靠运气。"共事十年，辞职后仍是好友"，这是最理想的同事关系，但并不是和所有同事都能这样。但无论如何，你还是要跟他们共事。相信我，要是有朝一日你在家工作，你会有些想念同事的陪伴，即使是那些以前要算好时间在食堂避开的人。所以尊重每位同事，搞好关系，毕竟除了他们，还有谁能清清楚楚知道你一天到晚在忙什么？大家都是一条船上的！所以在这段旅途中，学着融入大部队吧！

在家: 自由职业者没什么同事，除非把会计和客户也算进去。不过，在你家附近有可能有和你处境相似的人——去认识一下吧！从脸书上找找本地群组，或者用其他类似的交友软件找找看，建立联系。组建个小团体，让大家能互相帮助、提点儿建议，还能办办圣诞派对，这样经历了 12 月头两天的狂欢后，到了第三天，也不至于自己孤零零一个人宿醉了。

在办公室：意见反馈是团队工作中的一大部分，所以给别人提意见时，要心平气和、有理有据；接收反馈时，要不卑不亢，必要时要从善如流，对自己的行动做出改变。就像与朋友交往那样，同事帮了你，你也要表达感谢。给别人买个小蛋糕，或写个便签，说声谢谢，这种道谢方式有谁会讨厌呢？

说结束就结束

无论你的工作环境如何，都干了一天了，工作该结束时就得结束。这年头，我们开始工作的时间越来越早，下班时间也越来越晚。起床后先检查邮箱，睡觉前还要把最后一封邮件回完，这都是常事。但这样下去可不行！下班后，就要脱离工作中的角色，这样才有益健康，对谁都一样。

在家：可以的话，设定一个工作专用的房间，这样一天结束后，你就可以彻底关上门，把工作关在里面。要是不可行的话，就退而求其次，在家里设立一个专门的工作区。任何一个角落都行，只要能放得下办公桌，或者餐桌的一角也行，将其打造成舒适的工作区。工作时间一结束，就把办公区收好，省得忍不住诱惑，跑去再处理一封邮件。对这些点子都没兴趣的话，你也可以把所有待办事项都留到出门后再完成，在附近的咖啡店或书店办公，或者去共享办公区，在那里你可以共享办公桌，或者花钱租张自己专用的桌子，这比租个办公室要便宜多了。

在办公室：传统意义上讲，工作要在办公桌前完成，等一天结束，可以回家了，就打卡下班。但是，实际并不一定如此，我就看到几乎每个朋友都把工作带回家做过。要是某个截止日期迫近，或者感觉自己忙得不可开交，想靠周末集中加个班来缓解下压力——我也能理解。但是，别把加班变成常规，到周末电脑就别往家带了，非工作时间就关掉工作专用手机（如果有可能的话）。每次离开办公室后，在桌上贴个"暂不办公"的标志（并且说到做到）。

作者有话说

"整理人生"的"干货"来了！还有好点子稍后会奉上，让垃圾袋随时待命吧。办公桌整理好了，不需要的纸质资料和杂七杂八也扔掉了，但愿你的心情还不错。从小的地方开始整理，一步步慢慢来，把时间首先花在办公桌上，效果立竿见影。工作时，眼前让你分心的东西少了，工作处理起来效率会更高。再也不用停下手头的事，花15分钟专门找份文件了。把文件转化成电子版听起来纯属浪费时间，这我知道，也许会花掉一整个下午，但是把时间花在这样的任务上，可以精简你的工作流程，实际上是在方便你自己。将来的你会感谢现在做的这些工作，我把话放在这儿了。

感觉办公区域更整洁有序了吗？乱七八糟的东西已经被清理掉了，那也该整理整理工作日的事情，学学规划的技巧了。接下来，你会学到如何清除障碍、腾出空间，好让自己按时完成任务，不用等截止日期前两天再想方设法逃避。电子邮件——这也是个要解决的大问题。你整理完毕的办公桌已经是广大处女座梦寐以求的了，很快，你的收件箱也会如此。

让工作日高效运转

现在，我们该谈谈时间管理和任务规划的问题了，好让你今后的工作计划更切合实际，不会给你造成压力，无论对你自身、你的工作，还是你的精力来说都能恰到好处。

要说我最擅长"人生整理"的哪个方面，时间管理一定榜上有名。当然，制定预算和做饭我也都会，还和所有人一样喜欢在周日下午"自我关爱"一下，但要说到安排自己的工作日，嗯……这么说吧，如果奥运会有这个项目的话，那可得赶紧送我去训练营好好练习准备参赛去。一旦安排好工作日，就会感觉生活中的一切都井然有序。多年来，我一直在精进这项技能，把一天分成不同时段，按时段完成任务，而且回顾下来，也不会感觉自己像条老狗似的稍微走远一点儿就气喘吁吁。日程表整理好了，目标确定下来了，有了奔头，也努力在自我关爱和社交生活中寻找着一个平衡状态，那么现在让我们看看怎样完美地将自己的事业融入进去，怎样分配工作日的时间吧！

有两个技能需要掌握。首先，分配时间无非就是将任务安排进日程。可能你可以决定工作量是多少，一天应该怎么度过。一天的安排完全由自己决定。如果你职责明确，清楚自己什么时候应该干什么，没什么可调整的，那就太棒了。本章的一些部分你可能就用不着了，另外一些部分可以做些调整，然后应用到你的生活和家庭计划中。然而，还有一些人可能也发现了，虽然最终目标和工作范围都知道了，但是过程还是要完全靠自己。如果任务截止日期设定好了，但是完成目标的计划还是不太明确，那么我接下来要和你分享的这些方法就能派上用场了。

确定好时间安排后，就该找个适合自己的方式好好执行了。会不会经常感觉一周到头一事无成？或者感觉做得还不够？那么，一个切合实际的计划可以帮你解决这个问题，等你勾掉上面的任务时，仿佛可以感受到它在和你说："哈喽，你都完成了呀！太棒了！"若精心制订了计划，然后又近乎完美地执行，那种满足感是不可同日而语的，仿佛你开会要迟到的时候忽然遇见另外一个人说自己也要迟到了一样，心中暗喜。我跟你说，读完本章，你肯定会成为守时的自律大师。可能你每次和朋友约好吃饭，都得迟到整整 1 个小时，到吃餐后甜点的时候才赶到。你要真是这种"有约必迟"的人，也还是有救的，这就得有一个高效的时间计划了。这样一来，不仅帮你解决了"吃甜点才赶到"的尴尬，还能让生活更规律，上一章制订的目标也可以轻轻松松融入生活，先发制人，踢走拖延症（拖延症我们后续再聊）！

不过我也不是每次制订计划都能成功。但别误会，就算不是次次都成功，我还是在坚持制订的。我是个"90后"，偷偷告诉你，我当年那毛茸茸的挂锁笔记本写的都是关于整理的杂七杂八，还有给男孩的情诗，即使他们都对我避而远之，也有给我房间做的室内设计计划（我当时深受《交换空间》这个节目的影响）。但是等我结束了学校生活，进入职场，到最后为自己打工之后，我才知道其实我过去的计划都做得太细了。过于细致和没有计划一样可怕，因为那样你生活中的分分秒秒基本上都被锁得死死的。谁想要一个一天到晚在耳朵旁边发号施令的老板，何况这个老板是你自己呢？这谁受得了。每天写待办事项时，我都会在笔记本里重新开一页纸，然后把它写满。当初，我并不是将一些小任务合并成一个大目标去完成，而是细致到每一分钟干什么都得写下来。那要是有件事情只用 5 分钟就能搞定，也能和另外一件事情一起做，这种情况要怎么办呢？没错，我还是会单独写下来。所以那时我的每日待办事项非常多，而且毫无疑问，从来没有全部完成过。从来没有。我是真的想不起来有哪天我是完成了当天所有计划的。待办事项里有大概 25 件事情要做，我能完成个 2/3，而且还会因为没有做完而感到一败涂地。我晚睡、早起、把午饭时间缩减到 10 分钟，也让自己尝到了消化不良的滋味儿。可是不论我怎么努力，还是没能做完全部待办事项。

我的待办清单脱离了现实、过于精细，最终不开心的还是自己，因为我从来没有到达过终点，甚至还差得远。

于是，我学习了整理。我思考了一下如果把清单精简一下会怎样？我当时想的是：少列一些事项，完成的概率不就大了吗？比如，要上传一段视频，我不再将这个过程中的每一步都列出来，而是直接写上"上传视频并安排推送"。瞬间，8 件事情便精简成了 1 件。虽然要做的事还是一样的，但是这样清单看起来不那么吓人，也更好掌控了。有时候我们得忽悠一下自己的大脑，而且它十有八九会中招。一夜之间，虽然任务还是一样，但至少看起来少多了，计划也感觉没有那么让人窒息了。接下来的几天，我不断地调整任务，字斟句酌为任务命名，不知不觉中一天又过去了，每个任务也都轻轻松松地完成了。不用瞎忙一通，也不用为一件又一件小事犯愁，我只需关注需要完成的 3 件大事即可，最后我也成功搞定了。小菜一碟！

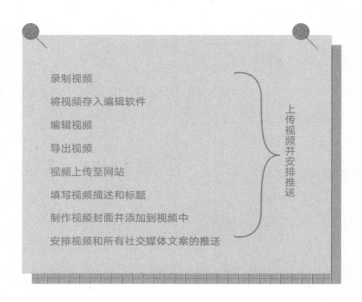

我花了好些时间才找到自己时间管理和制订计划的舒适区，在工作和社交生活中都是如此，所以你可能也得费些工夫。就算要换掉你现在使用的所有方法也不用怕，试试新的，没准就会发现充满干劲地完成自己的计划是可以实现的。反正又不会有什么损失，对吧？有那么几天觉得自己效率不高怎么办？每个人都会这样的！每天都保持碧昂丝的那种工作劲头可太不切实际了，所以我们的目标是让自己**80%**的时间保持高效即可。最后，要保证效率高的天数比效率低的天数更多才行。可能你像之前的我一样，计划制订得过于详细，需要简化一下，还是你觉得待办事项多列一点儿才更有动力？我就喜欢把时间规划得严格一些（意不意外！），而且我还发现，若是把哪一天做什么事情以及大致的顺序安排好，自己完成的效果是最好的。不过我也有朋友喜欢以周为单位制订计划，不用把事情确定到具体某一天。还有一些朋友以小时为单位。每个小时啊！我不是在评判这种方式如何，因为这完全是因人而异的，这也是为什么我会给你提供一些不同的选择，好让你可以找适合自己的去调整、去实践。

如何安排你的一天

第一步：好好分配自己的精力

不管如何安排我们的一天，有一件事是我们在制订计划的全过程中都需要去考虑的，那就是自己的精力极限。我不会给你灌输"轮穴和能量场"那些瑜伽术语，我要讨论的是我们的精力和专注力，还有热情饱满、干劲十足地开始工作的能力。每时每刻都精力充沛这不现实，就连碧昂丝也做不到。我们的精力值一直处在波动中，每一天、每一周、每个月都是如此。比如，我早上精力更充沛，所以午饭前的工作效率最高。而下午3点一到，我保证会进入一个拖延症的黑洞，直到大约下午5点准备结束一天的工作时，才找回些状态，艰难地完成了最后一点儿工作。这只是我个人的例子，一直以来我都是以这种方式工作，所以现在我也是据此来制订相应的计划。

下一周工作的时候，在笔记本上（电脑上也行，怎么方便怎么来）记录一下以下信息：

- 什么时候精力最充沛、热情最饱满，可以做需要脑力的重要工作？

- 什么时候"脑洞大开"、灵感涌现？

- 什么时候最有可能陷入猛刷视频的无底洞？

- 什么时候因为沙发的致命吸引力，想要取消和朋友的约会或之前制订的所有计划？

只要得到这些答案，就能制订相应的计划了。在做每日日程计划时，我会用到以下方法：

上午（7：00—12：00）

留给那些要用脑且需要优先完成的任务，因为这是我的效率黄金时段。

午后（13：00—16：00）

试着做做那些最能让自己享受其中的工作，对于我来说就是创意类工作，好让自己能够保持注意力。

傍晚（16：00—18：00）

回邮件、处理行政上的事务，利用好残存的最后一点儿精力。

了解自己，跟着自己的精力值走，根据自己的大脑在特定时间的状态做出适时调整。在制订每日计划时，最好是把个人精力值的变化考虑进去。如果你早上精力不太充沛，就给自己安排一些轻松、不需要太过专注就能完成的任务，把费劲的任务留到后面。如果午休后你能蹦出许多新想法，有种开窍的感觉，那就把需要创意的任务安排在那个时候。如果工作日的晚上困到不行，和朋友吃饭时都睁不开眼怎么办？那就记下来，找个周末把朋友约出来弥补一下。可能你周一精力最好，或者周三才是最有干劲的？制订计划时把这些精力"峰值"和"低谷"也都考虑进去。和自己对话，了解自己的专注力和精力，这样能帮助你制订好日计划、周计划或月计划，而且成功的概率也会更高。

第二步：务实

工作日的安排应该让你心生平和。这听起来挺理想化的，但是内心"波涛汹涌"的时刻往往少不了。不过只要大多数的日程计划不会让你焦虑、血压升高就可以了。与日程计划为友，它会给你善意的、贴心的、关切的建议，而不是只会冲你大喊："脑子怎么想的？做这个干吗？"虽然在你要做出糟糕决定的时候后一种朋友最能派上用场，但是有个前一种这样的贴心好友在身边，就如同被温暖可爱的拥抱环绕，不是吗？所以，大多数时候，有个计划在手，你会感到一切井然有序、目标清晰，就像有人搂着你的肩膀鼓励你，而不是那种见面打招呼时手快要被握碎的感觉。别忘了自我关爱的那几大支柱哟，对自己好一点儿！要做到这一点，最主要的是确保自己制定的任务在既定时间框架下是切实可行的。听着容易，但是在预设自己完成任务的时长时，我们普遍都过于乐观。这种预判的技能只有在试错中才能习得，并且可能永远都达不到完美。但是只要向着它努力，我可以保证，你制订出来的计划肯定不会让你太焦虑、太累，你也能完全照做下来。

如果想要弄清自己完成任务要花多长时间，那在制订计划之前先把下面的功课做一做。

1. 用Excel、苹果Numbers软件或者谷歌文档把工作日按小时分成不同时间段，在表格左边列为一列。一周7天每个工作日都重复这一步骤，这样就建好了你自己的时间表。

2. 用一周时间，记录一下自己完成各项任务需要花多少时间。比如，整理收件箱要花1个小时，整理、处理会议记录要花3个小时，也都通通记下来。

3. 周末回头翻看一下时间表，看看每个任务花了多少时间。是不是对结果很惊讶呢？有哪些任务的用时和计划不一致，或长或短的，都记下来，为接下来一周的计划制订提供参考。

第三步："放大"和"缩小"

在深入了解如何制订计划之前，要考虑的基本事项已经讲完了。现在可不能再像无头苍蝇一样，得开始思考如何用适合自己的方式安排自己的工作日了。以下就是我们要达成的目标：

一个好的工作日计划需要：

● 让你内心平静、沉着、从容，不会惊慌失措。

● 从实际出发，为你设定好要完成的任务以及时限。

● 考虑到你的精力值变化。

安排工作日程时，从大块的时间开始，然后再安排小块的时间，就像制订目标时一样，也很像在拼乐高玩具，由大到小。接下来就是我们需要做的：

● 每个月查看一下日程表，看看有没有重要的计划、活动或者长期任务的截止日期要到了。

● 每周跟踪一下"每月待办任务"的进度（还没在提醒事项中设置成重复提醒的话，也要去设置好）。

- 每周对下一周的日程进行一次评估，然后趁热打铁开始计划每日任务。记住时间上要切实可行，还要尽可能把自己的精力变化考虑进去。

每周待办——查看重复的任务

要是对全年计划有了想法，那就点击一下"放大"键，聚焦于下个月的计划。我猜肯定与工作有关吧？而且还是每月必做、没有商量余地的工作。对我来说，就是报账理财、定期博文推送、编写我的每月简报和其他需要处理的额外计划。虽然这些待办事项挺常规，但因为是重复性的工作，所以我把它们加进了电子日历中，设置了每月自动重复添加。这样一来就可以提醒我，免得我忘记去做。我安排周计划时也会参考日历，看看该把这些工作安排到哪天的待办事项中，以便更好地完成它们。

每周待办——提前考虑下一周

待办清单就此成形。到目前为止我们已经用电子或纸质的方式做了些准备，添加了未来一年重要任务的截止日期，给每月必做的任务设置好了自动重复添加。下面把目光放在更小的时段上吧，想想下个星期要做些什么。有什么会要开？有无迫近的截止日期？和人约了午饭、晚饭？用不用参加什么培训？我做计划的风格很老派，喜欢在笔记本里写下待办清单，不过你要是喜欢电子的形式，我推荐"印象笔记"和"Todoist"（一种日程管理应用）这两个软件，还有Monday.com这个计划制订网站也不错，方便你把计划分享给工作团队的伙伴们。

工作

制订每日计划算是一个普遍适用的技能了，每个人都可以掌握。学会了这种由大时段到小时段的方法后，任何工作上的任务都不会从网中溜走。而且明确下个阶段要做什么也可以帮助调节压力。等细分到每周和每日计划时，大家的方法就各有不同了，就和第一章中日程管理方式的选择一样，你可能得多试试才能找到适合自己的。

第四步：确立计划框架

我的任务都特别简洁，以短期任务为主，所以子弹笔记中一页纸的篇幅对我再适合不过了（不要担心，子弹笔记稍后就讲）。但是如果你有很多长期计划，那么"Trello"（团队协作工具）这样的软件会更适合你，可以帮你随时对多件待办事项同时进行记录。我有个朋友，她只提前制订出来下一天的计划，并且计划做得非常简洁明快。她会在写字板上夹一沓纸，头一天没做完的任务就直接顺延到第二天，有需要添加的任务就直接写上去。手机上的如"备忘录"类的应用软件也是个很好的计划工具，尤其适合经常奔走、不常在办公室办公和不太喜欢用纸笔打理日程的人。你当然可以选择像我一样，每天只安排三五件主要任务，不定具体时间。不过我也有朋友喜欢把计划精确到小时。前一天晚上，她会坐下来，参考她日历中已添加的任务提醒，打印出下一天的日程，然后制订出接下来一天每个小时都要做什么。这些只是别人的方法，计划制订方法各异，谈不上对错。下面这些建议也可以尝试：

纸质	应用软件	其他方法
在纸上写下周计划，把部分任务整合到一起，安排一天来完成。	Asana（一款团队协作办公软件）：供个人或团队使用，可以记录工作流程、时间线和具体待办事项。	"备忘录"虽说不是最赏心悦目的软件，但是不论你用的是哪个版本，一个待办清单都可以分秒成形，操作简单迅速。
在纸上写下日计划，并细致分析一下，写出具体行动方案。	Todoist：适合整理混乱的行动计划，让"计划"更像样，更好管理。计划大型项目的完美之选。	Monday.com是个制订团队计划的网站。可以在上面安排、分配任务，更新任务进度，为团队成员添加时间线。
拿张纸写下每日待办清单，做完一项就勾掉一项，没完成的就写到下一页，顺延到第二天。	印象笔记：一站式整理软件，操作极其简单，和子弹笔记大同小异（待办清单和日历二合一），只不过是电子的形式。	Trello：适合随时进行多任务管理，以待办清单为主，而且方便查看任务进度。

工作

哪个看着顺眼，就尝试哪个，说不定就会彻底改变你制订计划的方式。任务都完成了！神清气爽！从此爱上了打钩钩！不过也许效果正好相反。如果这些方法真的不适合你的话，那就修改、调整一下，或者干脆放弃，去试试新方法。

我如何安排自己的工作日

多年来，我一直在打磨自己这方面的技能，现在，我一般会选择在周五晚上安排计划（如果感觉一切都有序进行的话），有时如果实在不想做，就拖到周末，或者周一早上再安排。

首先，我会查看一下日历，然后在类似子弹笔记的笔记本上写下自己一周的安排。我会在纸上竖向列一周7天，然后为每一天添加待办事项，事项前面点个小点，待完成后划掉。就像我说的，不过于细节化的、稍微笼统一点儿的待办事项对我更管用，会给大脑一种这样的工作量更容易管理的表象，所以我从来都只写下最多四五件要做的事。我还会把动机水平方面的因素考虑进去，将需要高度专注的任务放到早上，需要创意的任务放到下午。如果有哪天要开会，而且我能预想这个会议会榨干我所有力气，那么我就会给那一天剩下的时间安排些不用离开桌子的工作。如果哪天要进城去办事，大部分时间没法带着电脑，那么我就会安排些早上出门前能完成的工作，或者安排一些路上能用手机完成的工作。其实总体思路就是根据时间对任务进行安排、调整。下面就是我的一周待办清单：

周一

- 安排好下一周的社交媒体推送
- 编辑本书工作空间的章节
- 思考一下明天博文的配图，准备好一些想法

周二

- 拍摄博文配图
- 整理开支项目
- 编辑本书制订计划的章节

周三

- 为本书下一章写 1 000 字
- 今天之内整理完收件箱
- 把博文配图添加到文章里，安排好推送

周四

- 写"播客幕后花絮"的文案
- 写"夏日装扮"的文案
- 写"阅读推荐"的文案
- 为下一位《居家访谈》的播客嘉宾整理稿子

周五

- 用视频播客记录这一天，作为上传至视频网站的下一个视频
- 编辑视频、定好上传日期
- 完成本书有关效率的章节

工作

只要时间安排得不会让你感到失控，压力也尽在掌握，那就说明你做得非常好。一切都顺风顺水！嗯，反正就是挺顺的。影响计划制订的因素因人而异，但是有两重阻碍最常见——截止日期和令人毛骨悚然的邮件，它们就是时间管理的克星。不过，下面就有解决的办法。

如何赶上截止日期

我们给自己制订的任务都会伴随这样、那样的截止日期。可能是自己给自己设置的，毕竟没有一点儿紧迫感我们就永远迈不出第一步，又或者是由外部因素决定的。不管由谁决定，听到"截止日期"这个词，我们都会感到恐惧，要说有什么比这更恐怖的，可能只有你11岁那年，朋友逼你从头到尾看完《闪灵》的时候了（现在还有心理阴影吧？我懂你）。我们都会有那种特别规律的截止时间，不用想就知道该做什么。我每周发3篇推文，所以周一、周三和周五早上9点前，我就得确保推文就绪。这个习惯我已经保持很多年了，虽然工作量会时不时地加大，但对这件事的截止时间我不会有焦虑感，因为早就习以为常了。尽管如此，当工作上遇到规模大点儿的项目时，尤其是从未涉猎过的工作，我就会感觉喉咙发紧。比如说，写本书什么的……你可能也会有这种感觉。一件事情一旦成了习惯，就可以切换成自动模式了。但是新的事情出现后，突然之间，截止日期就变得很紧迫，向我们逼近，让我们愈发焦虑，想着："是不是得再试试冥想了？"

你的任务有截止日期吗？

第一步：截止日期需要切合实际。如果你已经在想"截止日期到来之前，每天最少睡几个小时才能保命"，那你可能就需要重新思考自己的工作方法了。工作中难免遇到出其不意的事，而且我们也不太可能让它们等会儿再来。这种情况下，我建议重新调整这一周的计划，紧迫的事情提前，不怎么紧迫的事情就先划掉，这样整体来看就能少费些神了。别害怕在一开始就表达自己的想法、调整自己的预期，紧急事件处理好后，别忘了提供反馈，以避免以后再遇到同样紧凑的日程。

第二步：一旦截止日期都确定好，就把这些重要的日子添到日程里。在这一步可以好好整理下思绪，回过头看看整体规划，把时间划分成一块一块，再把总体任务细化成一个一个具体的待办事项。琢磨琢磨怎样才能把事情恰如其分地安排到每周计划中，好赶在截止日期前完成。另外做一张单独的子清单，把具体的任务写下来，可以在子弹笔记或其他笔记本中新开一张纸，或者在你现在用的软件中再开一个页面，这样以后每次为自己制订周计划时就可以参照这张母版清单了。我还喜欢在日历中加上每月或每周打卡提醒，以便更高效地管理项目时间。对于那些时间跨度超过1个月的任务，我会设定每周目标，确保自己不会拖延进度。要是任务历时好几个月或者一年，那我建议你每月在日历里加上任务目标，提醒自己该进展到哪一步了。

工作

第三步：尽早开始。一些长期计划的截止日期，我们总是容易忘，直到还剩大概1个星期的时候才突然想起，不得不开启慌乱模式。所以，你要早做行动。这你应该没有理由拒绝吧？从最难的部分开始，越快完成，你就越不容易犯拖延症。

要想既不熬通宵，又不用把工作都堆在极短的时间内完成，还要能赶上截止日期，在规定时间内完成任务，关键就在于增加视觉上的提醒。对某件事情的提醒越多，就越不容易忘掉它。日历提醒配合单独的待办清单，再加上早做行动，就能缓解截止日期将近给你带来的压力了。脑子里想着这件事，理清所需的步骤方法，督促自己开始行动起来，这样你就很难错过任何截止日期了。不要觉得眼不见心不烦，别逃避，去一点一点攻克这些任务吧。说到"逃"，你现在是不是困在邮箱的"地狱"里无法逃生？我这里刚好有些建议。

如何处理邮件

唉，邮件。在当代职场里，邮件是最好的发明，也是最坏的发明。通过邮件，我们和他人建立起了联系，沟通无阻，但同时建立起联系的还有另外一些人，他们整天"逼迫"我们看恶俗广告。对吧？邮件就是这种既伟大又残酷的存在，把我们联系到了一起。我们每个人都有好几个网名（比如你年少轻狂时注册的"性感小尤物"），邮箱也都注册过。就连我 78 岁的爷爷都有一个！但是为什么需要在这本书里专门把"邮件"拿出来讲一下呢？那是因为收件、回件的过程会慢慢形成一个恶性循环，很可能会浪费掉我们很多时间和制订计划的资源。再加上在线聊天、群组讨论和一大堆会议电话，你就会发现我们能完成任务简直是个奇迹！

收件箱我们都有，但是在如何处理邮件上我们可以分成 3 个阵营。有的人邮件数量超过两位数就开始呼吸困难，不处理完就睡不着觉。我就是这种人，你应该也不惊讶了。有些人就算邮箱里有二三十封邮件等待回复也依旧可以优哉游哉，虽然这种做法可以再优化一下，但有什么能难倒你呢。还有一些人能有 12 387 封未读邮件，根本不知道从哪儿开始看起。我朋友弗洛拉就是最后一种，12 387 封就是她的数据。更厉害的是我另一个朋友凯特，她有过超过 20 000 封的未读邮件，我亲眼见到过，真的差点儿背过气去。

要是邮件实在太多，只能通过搜索来筛查有用的重要邮件，那就把这些邮件单独存好，然后剩下的直接点下"全部删除"。做完

工作

这一步，就回来继续往下读，因为无论收件箱有多么的乱糟糟，我都有方法供你使用，帮你减轻一些负担。

在尝试你心仪的方法前，让我们先整理一下收件箱，一一核对以下清单中的每一项。你的收件箱有没有：

- 分类文件夹，将同一主题的邮件归类整理，方便用时查找。

- 添加红旗或标签，标注需要再次查看的邮件，这样在界面上一下就能看到。

- 邮件签名，包括你的名字、职位和其他相关信息。这会显得你非常专业。

- 整理妥当，剩下的未读邮件都是过去24小时收到的。

- 保存固定模板，因为对一些邮件，我们常会给予相同的回复，这时模板就能派上用场了（真的，模板改变人生！）。

- 简洁明了、方便查看的自动回复，告知对方你不在办公室。

如果以上每一条你都没有做到的话，就应该明白接下来自己要做什么了吧？这个自查清单可以从源头上保证邮箱的整洁，而不是做做表面功夫而已。有的步骤可能要多花些时间，做起来也很麻烦，但是从长远上看，这些做完之后邮箱使用起来会更加方便快捷、节省时间。以后的日程中，也能少花些时间来处理杂乱的邮箱，多花些时间去完成待办清单了。

把收件箱的"蜘蛛网"都彻底清扫完，文件夹也更有序了之后，就可以开始下一步了，让你不再烦恼于邮件收发。由于职务、收发邮件频率和日常工作优先排序的不同，大家处理邮箱的方式也会略有差别。但是下面3种方法是你可以直接进行调整，然后为自己所用的。

我们都是收件箱的奴隶，这点大家都能认同。邮件提示音或者红色的来件显示不断告诉我们有新的消息亟待阅读，不停地打断我们的思绪，残存的一点儿专注力也化为了乌有。除非在等着一个可以改变人生的邮件飞进收件箱，不然那些乱七八糟的来件基本都可以再缓1个小时，等做完手头的事情再看，不是吗？所以这3个技能可以帮助你更高效地管理时间，还有你的收件箱……

如果每封来件都会让你分心，导致你完不成任务，那就设置成开启时推送。

无论你选择哪种方法管理收件箱，这个步骤我都建议你完成。把邮箱设置成打开软件时再推送邮件消息，而不是一整天随时都推送，这样可以帮助你将任务区分开。工作日，我会把手机设为节电模式，这样每次我打开邮箱的应用软件就需要手动刷新，看看有没有新的邮件。而使用电脑办公时我就不打开邮箱了，只有在有空处理邮件的时候才打开。因为在忙其他事情的时候，邮箱主页上没有每小时不断攀升的红色数字提示来件数量，屏幕上没有通知跳出来，邮件处理起来就能容易得多。方法简单，但是很有效。

如果邮件疯狂涌入，导致你无法专注于当前任务，就定个"一天3次"的规矩。

设置好收件箱后，就可以自主选择收件时间了，同时可以进行下一步了——给自己制订一个时间表，看看什么时候收件最好。如果时间表效果不错，那就坚持用下去，但如果还是一天要看好多次邮箱，未回复的邮件堆积如山，那么就该进行额外的整理了。这种情况我推荐你定个"一天3次"的规矩。早上看一次邮箱，把前一晚收到的邮件回复了。到了差不多午饭的时候，整理一下早上收到的紧急邮件。结束一天工作时再最后检查一次，回复剩下的邮件。我个人很喜欢这种处理方式。每天检查3次，我就能把邮箱管理得很好，不会再觉得压力太大令人窒息了。这种分时段处理邮件的方式对我来说最管用，而且我还可以及时了解任何紧急情况。最重要的是要找到适合自己的时间段，不要影响你做其他任务时的专注度。每次检查邮箱的时间要尽可能短，尤其是当你的待办清单任务繁重时，不要浪费过多时间在邮箱上。

如果回复邮件要花上一天，其他什么事情也做不了，就确定一个专门回复时间。

发完邮件后，我收到的自动回复相应地也会越来越多，因为这些人都有特定的回复邮件时间。有的只在周一、周三、周五回复。有的是一周两次？有的是每天早上的9点？不管时间习惯如何，他们都会在邮件里写下签名，设置成自动回复，有点儿像摆了个"不在办公室"的牌子一样，让大家都看到，也就知道什么时候会得到答复了。通常签名里还会留下电话，有急事的话可以拨打。我觉得这种方法对每个人来说都是双赢。对制订这种规矩的人来说，有效缓解了自己处理邮件的压力，腾出了更多时间做其他事情。对发件人来说，他们也能了解对方的回信习惯，就算等得久点儿也不会焦虑。如果你觉得这个方法不错，适合你，也适合你的工作，记住设置一个自动回复的邮件，告知发件人你回复邮件的时间。简简单单的就行，比如这个模板就不错："温馨提示：为提高效率，本人只在周一、周三和周五查看邮箱，谢谢理解。您的来件对我非常重要，我会尽快回复。"

哪个方法你觉得最好就用哪个。将整理邮箱的习惯融入工作日中，会帮你对时间进行更高效的划分，更好地执行计划，完成手头上的事情时也会更加专注。你再也不用每天都浪费好几个小时迷失在邮件的海洋里了，这不就是"人生整理"中最激励人心的时刻吗？

现在蓝图已经画好，也有了一些方法来克服前路上可能会出现的困难。不过有没有一种方法，可以把我们提到的时间管理和计划制订完美串联起来呢？当然有啦，这还用问？

子弹笔记究竟为何物？

子弹笔记很早就火起来了，一直火到现在。要是你是个身经百战的老手，深悉子弹笔记整理的各种套路，那估计我这里的方法你早就听过了，说不定自己已经写完好几本子弹笔记了。不过如果你是个新手，那就听我细细道来。

子弹笔记本质上就是待办清单、计划表和日程本的结合，正如其名，它包含着许多带子弹符号的清单，帮助人们进行事项整理。如果你喜欢制订计划表，一到文具店就莫名其妙激动起来，而且喜欢用便利贴标注待办事项，贴得到处都是，那么子弹笔记可能是你解决问题的良方。你只需要一个空本子、一支笔，然后就可以开始了。

子弹笔记法由赖德·卡罗尔发明，有不少书是专门对他的这一方法进行介绍的，我已经帮你读过了，也帮你打好了小抄，所以我会尽量简洁地解释给你。如果你想亲自读一读，就直接去"资源"板块找我的推荐吧。至于笔记的布局，可以把长期计划放在子弹笔记最开始的地方，接下来是短期计划，之后是每日待办清单。就像我之前建议的一样，先从大目标开始，然后逐步缩小到具体目标。你可以从以下 5 个步骤入手：

如何制作子弹笔记

1. 把本子每页都标上页码，就像一本书一样。非常简单。

2. 在最开始的地方画一个目录，把页码标注好。每次写子弹笔记的时候都开一张新的纸，写上显眼的标题，然后将相应的页码填到目录页上，这样就大功告成啦，笔记、清单、随笔都能轻松找到。

3. 下一步是"未来日志"。在这一部分，你可以填写长期计划有关的信息。把目录后面的4页纸每张都折成3部分，这样就有了12个板块，可以将一年12个月作为标题，内容暂时先空着。别忘了把页码添到目录上。

4. 接下来的两页纸是你的第一个"月度日志"，告诉你未来4周要做些什么。在左边这一页写上月份作为标题，将日期写在边上。其实，这最原始的功能就是个日历，但是我觉得在上面标记好重要日期、生日和活动后，用起来非常方便。右边一页写上这个月要完成的所有重要任务和截止日期。添上页码，别忘了也加到目录页里。比如："P12—P13月度日志-____（此处添加月份）"。

5. 再翻一页，开始你的第一个"每日日志"，也是你未来24小时里一个简单的任务清单。标题处写上日期，开始为下一天制订待办事项。记住不断回看月度日志，确保这个月的所有任务能顺利完成。每天都重复一遍，坚持到月末。然后，就可以开始制订下一个月度日志了。别忘了参考一下上个月的日志，把没完成的任务添加到未来日志或者新的月度日志中去。然后，继续写每日日志吧。

6. 你可以完全参照以上步骤，也可以根据个人需要加入自己的日志和清单。子弹笔记之所以吸引人，就是因为它是一个完全可以按需调整的笔记方法。饮食日志？胶囊衣橱购物清单？健身日志？追剧日志？美食店探索日志？任何清单或信息，只要你喜欢，都可以加进子弹笔记里，而且你越按照自己的需求去调整它，它在你整理人生的过程中帮助就越大。

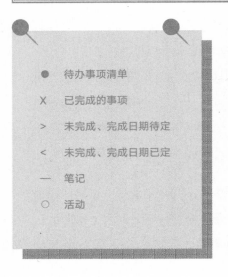

● 待办事项清单

X 已完成的事项

> 未完成、完成日期待定

< 未完成、完成日期已定

— 笔记

○ 活动

到目前为止，子弹笔记也还只是个中规中矩、条理清晰的笔记本而已。但这个方法的精髓究竟在哪儿呢？这才是我们要讨论的重点。当然，你可以自创一个子弹笔记，但我还是要说一下经典的子弹笔记是什么样的，万一你想试一试呢？前面提

到的 **3** 个日志中都有待办清单，每个事项前面也都有个子弹符号，完成后可以划掉。"大于号"（>）用来表示未完成但还能拖几个月的任务，完成日期也待定。在子弹符号上画上大于号，然后把这件任务加到未来日志相应的月份里，这样就不会忘了。明白了吗？这就是符号的用法。"小于号"（<）则是用来表示未完成但完成日期已定的任务，也添加到相应的"每日日志"里了。"横线"（—）可以用来表示简单的笔记，一个大大的"圈"（○）可以用来表示像生日或者社交这样的活动。

几个务必：

● 务必养成写目录的习惯，并实时更新。虽然可能写起来很麻烦，但是这么多年来我真的靠它找到了很多遗失的笔记。

● 务必手边放把尺子。虽然听起来很奇怪，但是我真的会经常用到尺子，比如要把一张纸一分为二，或者画标题的时候。是，我知道可以直接徒手画，但我这不是有强迫症吗！

● 务必有点儿创意！如果你觉得用不同颜色的笔标注不同的清单，或者没有条理地这画一笔那涂一道可以提高你的生产力，减轻你的拖延症，那就随意挥洒创意

工作

吧！如果你像我一样，所有地方都用一支蓝笔搞定，也欢迎你加入我的队伍！

几个切勿：

- 切勿全盘照抄。如果你的任务多是短期的，那就不用写"未来日志"了。我那一部分就是空着的，因为我不会规划得那么长远。

- 切勿觉得一定要遵照我的步骤，根据自身需求调整、修改后的笔记方法才是最适合自己的。虽然我喜欢这些子弹符号、叉叉和横线什么的，但是真的懒得去画什么大于号、小于号，和我懒得制订"未来日志"是一个道理。

- 切勿太在意笔记是不是干净美观。当然清单还是要方便阅读的，毕竟你的目标也不是要成为下一个毕加索嘛。

是不是信息量很大呀？和马麦酱一样，子弹笔记有的人用着特别好，但有的人用着就很不舒服，大概3天就会兴趣全无。就我个人来说，我会同时用"iCal"软件和子弹笔记来规划生活和工作。我通常会把有具体日期的事项加到电子日历里，这样容易调整，也更直观。工作有关的大多数计划和内容就记录在子弹笔记里，因为我是个老派的人，做完一件事喜欢打个钩（叉叉，对不住了）。这么多年我试了很多不同的方法，有了很多写到一半就放弃的日程本，还错过了很多生日，这样不断试错之后，我发现目前的方法才是对我最管用的，可以让我的效率达到最高，也不会再错过任何一个人的生日了。

制订计划时得灵活一些，虽然事情不总是按照我们的想法发展，但我确实觉得，通过子弹笔记可以让我们在职责的重压下，对事情不再感到那么沉重。当然，要减轻这种负担不是光靠子弹笔记就可以，还需要综合这本书里所有或者大部分章节的内容，但是制订计划真的是整个减压反应链的开端。

作者有话说

"制订计划"是"人生整理"中的核心理念，也是生活拼图中最基础的一块，没有计划，我会感觉特别迷惘失措，所以这一章的内容肯定是非常重要且信息量很大的。

在熟练掌握并运用这一章节的技巧之后，一个经过精心考量、切实可行的计划就会出炉，帮你将脑海里必须要做的事情落实到纸张上或应用软件里，给大脑更多的空间去关注任务的执行。谈及精力的那部分也特别实用，提醒你要注意身体，尤其是当你做某项工作感到力不从心时，就像是在把一个圆形硬塞进一个方框里，那可要当心了。这个技巧虽然看起来简单，但经常被我们忽略。所有人都遇到过这种情况，如果我们多多关注并听从计划指令，也就能更好地完成自己的目标了。当然，现在有了属于自己的邮箱管理方式，你也是个处理邮件的好手了。我虽不是一个好好遵守规矩的人（如果你是的话，千万不要看我烘焙的过程。也许我称食材时那随心所欲的态度终有一天会终结我的婚姻），但是处理邮件时我就会对自己很严格，这真的改变了我的生活。在这方面对自己越严格，你就越能不受干扰地完成自己的计划，脑海中的噪声也影响不了你。

现在，工作计划有了，该把注意力转到别的地方了，看看有什么方法值得一试，可以帮你完成这些计划？ 我们总会对自己说："哇，计划都用彩色笔标注好啦！"这种话听上去很好，但我们时常会挣扎于如何将其付诸实践，并且时常缺乏坚持完成计划的动力。好在，我有不少的技巧可以帮你摆脱拖延症。让我们深入探讨一下这件事，学习如何在生产力上大获全胜吧！

任务完成，指日可待……

让工作尽在掌握

一份深思熟虑的时间表已新鲜出炉，接下来该实践了，但要注意方法，争取最大限度地提高工作效率，把拖延症的负面影响降到最低。

目标已经转化成了计划，时间表也有了，待办事项也调整到了最佳顺序，现在就该真刀真枪地工作了：电子表格、电子文件、编辑、电话、会议、调研、阅读、修订等工作陆续开展吧。之前做计划的部分不难，现在要做的才是苦差事。下面这章，我承认，不仅是为你而写，也同样是为了我自己。做计划我拿手，看看我那完美无瑕的日程本就知道了，但是，拖延症我也在行。20年前上学时，老师给我的评语是"安娜容易分心"，这话放到现在也适用。就在动笔写本章之前，我掉进了视频网站的奇妙世界，看着真人秀《爱情岛》的精彩片段，还是3年前播的一集，因为节目里主人公都身着泳装出场，所以看完又在网上挑了半个小时的比基尼，还额外预约了一节本周的普拉提课。救救孩子吧！我就是非得把手机玩没电了才肯拿起电脑，才肯最终向这个世界屈服，告诉自己该回到工作模式了的那种人。其实也因为我懒得走到房间的另一头给手机充电，懒惰和拖延，黄金组合！

我的朋友梅尔绝对是我见过最漂亮、最热爱工作、最亲切、最有趣的工作狂魔。要是你没有拖延症的困扰，是个高效的人，就像梅尔一样，那你真的很棒，送你两块儿糖！不过，要是你大肚一挺，笔记本往上一放，开始今天第四次"关于____你了解多少"（此处插入一个热门节目的名称）的测试，那么本章建议你作为参考，看看我是如何在一定程度上减少时间浪费，把工作搞定的。我就亲身经历过严重的拖延症，比如两周内刷完了六季的《鲁保罗变装皇后秀》，但你可别堕落到这个地步。你最好工作！

动机不足＋干扰＝拖延症
高动机水平＋最小化的干扰＝生产力

动机不足时，烦人的拖延症就会探出丑陋的小脑瓜，但是问题的根源不止于此。当今世界，形形色色的干扰物层出不穷，就像又黑又长的胡子一样不停往外冒，常常打消我们工作的积极性，最后浪费掉了好几分钟、好几个小时，甚至是整个下午。以前，我们总是操心于自己去上学的时候，妈妈有没有帮忙清理掉电子宠物的便便，今时不同往日了。如今，我们的专注力受到了各种各样因素的挑战——电夹板拔了吗？单身公寓怎么这么贵？优兔出了"'高司令'精彩剪辑"的新视频了吗？爸妈怎么老加我脸书好友，什么时候是个头？所以，你本来就动机不足，再加上这些干扰，放到上面的等式中，拖延症就不再是变数，而成了定数。"'高司令'精彩剪辑"的黑洞一开启，今儿就别想逃出去了。

所以，我们必须从根本上改变这个等式。当高动机水平与最小化的干扰相结合，我们就能找到工作中的乐趣。除了要找到能激发我们动机的东西外，还要学习一些方法来摆脱拖延症，将其转化为生产力，这就是本章要讲的内容。其实不过是少看点儿可爱狗狗的视频，多完成点儿任务的事儿，虽然工作肯定不如狗狗可爱，但是朋友，搞定任务的感觉可要爽多了！

动机不足？那咱就找找……

动机有时候就是一瞬间的事儿。就像猫，闻见食物的时候才现身，吃完就立马回到床下，藏在人够不到的角落。或者就像做完比基尼脱毛之后，感觉自己无拘无束、风驰电掣，好像能创造个短跑的世界纪录，可是两天后，便"春风吹又生"了（我说过我爸就跟个狼人似的吗？）。动机这东西吧，很难捉摸，有时感受得到，有时就不行。所以在找寻动机的过程中，咱们先试试把动机转化成双手摸得着的东西，不让它们轻易划过我们的指尖，从手掌中溜走。学着找到能激发自己动机的方法，以及应用这些方法的场景，等做某件事动机不足或者根本没有动力时，就可以药到病除了。

这其实就是让你回溯自己的足迹。要是钥匙丢了，你肯定会先好好想想之前做了什么，然后顺着回去到处找找。翻翻之前用过的东西、待过的房间，觉得肯定找不到之后，就花 20 英镑配了把新的，然后配好钥匙回来的路上才发现原来的钥匙就在书包后袋里，那后袋压根儿就没放过东西。这么说吧，自那之后，我再也不往那个口袋里放东西了，我可长记性了！同理，当动机水平高出天际和低入谷底时，我们也可以应用同样的过程，对这两种情况进行分析，解码在其中发挥关键作用的因素。

下次，乘着"动机"的浪潮，感觉自己游刃有余，像一个专业冲浪者时（而不是像我一样连立桨冲浪都无法完成），花几分钟，分析一下自己为什么会处于现在这种状态，在记事本上或手机里写下5条原因，内因、外因都得考虑到。

- 是因为那项任务本身吗？
- 身体营养跟上了吗？
- 因为昨晚睡了个好觉吗？
- 因为所有邮件都处理完了吗？
- 因为昨晚和朋友们叙了叙旧，现在心情不错吗？
- 因为天气好吗？
- 因为办公室杂音的音量刚刚好能当背景音吗？
- 因为周围一点儿噪音都没有吗？

拖延症症状大大加重时，比如连着看了3个小时优兔博主肖恩·道森的"××之最"系列视频，重复同样的思考。

- 对当前的任务感到困惑吗？
- 今天的身体营养跟上了吗？
- 昨晚失眠了吗？
- 处理邮件让你筋疲力尽吗？
- 过去几天的社交活动怎么样？
- 天气不好吗？
- 办公室杂音太大吗？
- 安静得出奇，无法专心吗？

解读自己高动机和高拖延状态的触发因素，你就能找到针对这两种情况的个人解决方案。想要重温自己的"心流时刻"，有5件事情要尝试一下；感觉不在状态，也有5件事情要避免。

当然，有些事不是你控制得了的，比如我们对天气好不好就束手无策，但是会有一些因素是可以改变的，所以把这些高亮出来吧。下次动机水平不足时，瞄准其中一个因素做出改变。即使仅仅是把你的动机水平从0调到25%，也总比没有好，对吧？

方法因人而异。（邻居家装修完工后）四面寂静无声时，我的工作效率最高；而我老公在工作时就习惯戴着耳机听摇滚乐（我觉得很吵）。或许你的压力越大效率越高，不到最后一分钟不行动；或许你光是想到截止日期将近，肚子就隐隐作痛。我们都是"颜色不一样的烟火"，所以我的最佳方法可能对你并不适用，但是为了给你点儿思路，下面我就跟你讲讲当我工作的激情减弱时是如何寻找动力的。

对症下药

创作动机不足

创作水平低下的时候，我就成了一块海绵，疯狂汲取创作源泉。我会专门挤出30分钟来摄取信息，在网上转转，读会儿书，翻翻杂志，浏览博客，看看视频，或者听听播客，全身心投入于一件事。通过给自己一小段时间，帮自己远离拖延症，专注工作，挤出海绵中多余的水分，留下灵感。也就是从内容的海洋里取来一些灵感让自己振奋起来。

有时，脑袋里会蹦出来原先想到过、但完全忘记了的点子；有时，也能有些从没想到的新想法。这种方式不仅使人愉悦，也让人特别放松，好点子十有八九都是这么来的。

其他方法：

● 把工作环境换到一个新地方去，换个房间，或者找个公共场所。

● 每天都创作点儿什么，比如连续100天每天写首诗，或者每天发布一个视频。有时强迫自己日复一日做些能够激发出让人拍案叫绝的创意的事情，能增强我们的自信。有了自信，创造力也会相对提升。

压力太大，动机不足

有时，压力太大，就会感觉动机水平大打折扣。心跳加速、焦虑不安的状态对生产力有害无益，但这样的状态还是会时不时出现，影响着我们。没人能对压力免疫，但是我们可以运用一些方法对压力进行管理，减轻负担，所以每当压力影响了工作效率，我都会进行压力管理。我的压力来源可能是一直都对自己的计划过于乐观，为此我会给事情分出个轻重缓急。把优先事项放在待办列表的最前面，其他不着急的事情暂时先放边上，等我状态回到巅峰再说。这种给计划表减负的方法肯定能提升我们的生产力，找回动机水平，重现工作中的活力。

其他方法：

● 走出家门，散散步，理清头绪。这样不仅符合"自我关爱"中那条"多动"的建议，如果你和朋友或同事一起，这种人际互动也能振奋你的精神。

● 有时压力也可以是一种动力。要是你想减少压力，唯一的方法就是完成那些让你有压力的任务。把负面压力转换成正面动力，成功克服它。

对某个特定的截止日期或任务动机不足

我承认，工作中的长期任务不是我的强项。短小精炼的博文？我可以！但如果是历时几个月甚至是几年的项目呢？比如，写本书？那可算了吧。将动机水平长久维持下去考验的是耐力，所以用对待耐力运动的方式来对待它吧！就像我们的能量水平会自然地起起伏伏，我们对于一项特定任务的动机水平也会如此。所以，有些时候，你可能一天就能写完一章；而有些时候，可能一天也就憋出了100个字。我发现，在这些情况下要保持一定程度的动机水平，最好的方法就是给自己设定好每日目标。可能你给每天设定的目标都一样，也可能你觉得每天的目标略有不同更能给你动力。确保每日目标和你的其他计划一样是切实可行的，免得完不成会一直困扰着你。写在记事本上，或者打印出来，贴在办公桌上方，只要保证能轻松看见，每天能提醒自己就行。每日目标完成一个就勾去一个，这也能提升你的动机水平，让你一步一步稳扎稳打地向着自己的终极任务进发。

其他方法：

- 找好友倾诉。他们或许能给你的工作注入些新想法，或者能和你分享些小建议，告诉你他们上一次觉得在截止日期前完不成任务时，是怎么做的。找个人分担，问题就减半啦！

- 可能有些人得等截止日期迫近，才有动力干活，这也没关系。只要确保自己都在日程本上安排好了就行，提前做好准备和调查工作，等动机水平上升时，你就能大展身手啦！

做什么都动机不足

我知道这听起来戏太多，但是你有没有过干什么都提不起来劲头的时候？我有！翻了翻手机，无聊！看看橱柜，找点儿吃的，啥也没有！拿起笔记本电脑，删掉了些垃圾邮件，又赶紧关上了，因为想起来冰箱里还有个冰激凌。嗯？怎么没了？原来是昨晚我出去的时候，我老公偷偷吃了。要不我读会儿书？等等，第一页的第一行我都读了 **47** 遍了，还是说不出来到底讲了什么。你也有过这种感受？我懂。这就是个极好的例子，说明我们在当下就是无法集中精神，就是"没有能力"或"真不想做"任何事情，我认输。我会出去散散步，立马订一节健身课，或者逃离工作场所，即使只有 15 分钟，都能让一切重启。我知道，对于居家工作者或者工作时间灵活的人来说，这种方法实现起来更容易，即使你只能离开办公桌，给自己倒杯喝的，再不慌不忙回到座位上，也能管用。新鲜空气的确有一种特别的魔力，但是就算小憩一会儿，动动腿，动机水平的齿轮也能再次运转，发挥奇妙作用。

其他方法：

● 有时候休息一天就管用，争取明天做得更好。给自己制订个计划，考虑考虑自己的行程，让自己吃点儿好的，然后就执行吧！

● 给自己 10 分钟，做些与工作相关的事，啥都行。10 分钟这么短，想把这段时间填满还不容易吗？

关爱自己的动机不足

我吃垃圾食品成瘾。如果医学上建议一天吃两顿汉堡和薯条，再加上一块比萨和半盒冰激凌，我能做到。太简单了！偶尔，我会吃点儿绿色的东西，甚至想把它们装进输液瓶，每天给自己输点儿，但是这种想法来得快去得快，几片树叶飞进来的工夫，对营养的渴望就消失殆尽了。所以说到在食物和健康上照顾好自己，我还得多努力，激发出自己的动力。当动机水平低的时候，我就吃垃圾食品，越吃越感觉没动力，于是再吃点儿饼干来安慰自己，这样就形成了恶性循环。为了打破这种恶性循环，我给自己设定了目标，要在一天内完成所有关爱自己的任务。买回来食材自己做饭吃，做好饮食计划，订好普拉提课，自己动手做一点儿小零食，饿的时候垫垫肚子。这一天下来，自己做饭吃，多样化饮食，果蔬俱全，让我感觉好极了，能量充沛，脚步也轻快了起来，情不自禁还想明天再来一次。魔咒终于打破啦！

其他方法：

- 每当我在厨房里感觉失去动力时，一本崭新的食谱就能带来天翻地覆的改变。新食谱！新想法！你肯定会想把每道菜都做做看。

- 做饭非常解压，邀请朋友过来吃顿美味丰盛的大餐吧，不要再次把比萨放进微波炉里热热就了事。朋友们会感谢你的自制美味佳肴，你也可以跟他们分享你喜欢的健康技巧和心得。

对于不同情况下的动机不足，我们对应的手段也各不相同，但是希望以上这些方法可以给你一些基本理念，把它们放进你的工具箱，需要的时候能派上用场。当动机水平回归正常时，你需要的就是好好感受一下它的美妙，还没等你意识到，它就像洪水一样一泻千里。肩膀上的担子轻了，你也在步履不停地执行着自我关爱计划，就像过了今天再无机会一样。电脑键盘都开始冒热气了，继续加油吧！动力又回来啦！现在，要是我们能找到治拖延症的方法，那就真绝了！

如何缓解拖延症

在学会了动机水平不足从哪儿下手之后，现在该处理一下等式的另一部分，学习如何减小干扰物对我们的影响，抑制随之产生的拖延症。

之前提到过，拖延症是我"人生整理"的痛点，在家工作并没有让我克制住午后想看第15遍《妈妈咪呀》的欲望，所以可想而知，我下面给出的建议都经过了极端环境下的验证和检测。但要注意，我们现在探讨的拖延症是有程度限制的。比如，"我不想工作，还是跟着'小野猫'（欧美女子组合）的歌学段舞蹈吧"。这种程度的拖延症就还有救。这些年来，我的症状略微好转，但还有需要继续努力的地方，以下详细展开的这些方法我几乎每天都在用。

我知道，拖延症患者不止我一个，但是拖延症是工作中一切罪恶的根源，饮水机旁边的闲话和每周带蛋糕来办公室的人当然也逃脱不了罪责，看吧，我们就是这么缺乏意志力，每次都是！拖延症是时间的终极杀手；也是因为它，待办事项才一直没有进展，任何残存的动力都会被它消耗殆尽。要想把拖延症扼杀在摇篮里，我们必须欺骗自己的大脑，让自己专注，过滤掉一切让人分心的事物。感觉拖延症袭来时，以下3种方法很实用，可以试试。

抑制不了玩手机的冲动？
限制玩手机时间

手机谁不爱玩，我们都拒绝不了它的诱惑，其实这也没什么错。有时候，我们需要歇一歇，恢复精神，获得动力，重新启程。要是不玩会儿手机心里就痒痒，那就玩儿吧，但是要给自己一个时限，5分钟，10分钟，或者15分钟——只要你觉得这个时限既能满足你的欲望，又能激励自己砥砺前行就可以。我的建议是越短越好，否则你就又要掉入网购的世界，不能自拔了。下次感觉自己对工作失去兴趣时，拿起手机玩会儿，设个闹钟提醒自己什么时候该回到正事上。10分钟对我来说是最佳时间，既可以读完一篇文章，迅速浏览一下"照片墙"，也不会让自己陷进去。滑动屏幕，读读看看，转转椅子，做什么都行，时间一到就赶紧调整状态。

个人琐事让你无法集中精力？
定时休息

和上一个方法思路差不多，有时让自己定时休息一下效果很不错。"定时休息"虽然听上去很严格，但实际操作起来远非如此，而且知道自己过多久可以休息的话，我工作起来就会更高效，要是想休息的时候就休息，可能就达不到这种效率，因为我很可能10分钟一歇，哈哈！"番茄工作法"你可能听过，就是设定一个25分钟的闹钟，先全神贯注工作，时间到了就休息5分钟，这样循环往复。一般来说，照这样做3~4组，然后再休息久一点儿，准备好进行下一轮。从个人来讲，我喜欢把工作时间设定得稍微长一点儿，1小时到1.5小时。时间可以随意更改，也许工作短短10分钟，放空休息2分钟，就能帮你清理好"战场"，也就是你的邮箱。我给手机设了个闹钟，放在另一个房间，好不让自己分心，然后努力完成为自己设定的任务量，克制网上冲浪的冲动。脑子里思绪乱飞，没办法静下心来时，这种方法对我最管用，让"拖延症磁铁"（就是手机）远离视线，强迫我集中精力。

方法都试过了，还是集中不了精力？
上锁

到了这一步了就要严格起来了，其他方法都不管用的话，就该放手一搏、全力以赴了。如果需要让诱惑你的东西完全从眼前消失，那就用一些手机软件或程序，限制自己进入特定网站的权限，或者干脆就完全把网断了。"SelfControl"和"Cold Turkey"这两款软件适用于苹果电脑，可以根据个人需求在特定时间禁止对特定网站的访问。"SelfControl"免费，"Cold Turkey"也有免费的安装包，可以给自己设定时限，也有类似于"番茄工作法"的休息设定。"StayFocusd"是谷歌浏览器的一款插件，可以对一天的网页浏览时间进行限制，时间一到，就自动上锁。"Freedom"这款软件所有设备都适用，可以限制对指定网站、整个互联网和应用程序的访问。尽管"Freedom"需要付费使用，但是这款软件可以根据你的需求进行个性化设定，无论是电脑还是移动端都可以使用。如果问题出在你的手机上，那就试试"Moment"，在本书第一部分我就推荐过这个软件了，虽然"Moment"限制不了你的手机服务，但它可以计算出你浪费在手机上的时间。一天下来，看到数据后，你肯定肠子都悔青了，立誓"我再也不看手机了"。这些软件的共同之处在于，都会把干扰我们的因素降到最低，让工作状态维持得稍微久一点儿。我们的目标就是专注，既要锁定在一件事上，也要不受其他外界因素的干扰，不让注意力转移。你已经找回了动机水平，干扰物也离你八竿子远了，所有任务也就都"心流"而出了。心理学上，"心流"描述的是一种最佳生产力状态，说到这里，你可能想体验一下。一旦到了这种状态，所有事情都会飞快完成，快到让你怀疑人生。

什么是"心流"？

这一章得讲讲"心流"，因为这是生产力最理想的状态。想知道它的精髓吗？"心流"从基础层面讲，就是你在做一项任务时沉浸其中的状态。这种状态毫不费力就能感受到，近乎本能。你有没有因为过于沉浸某事而废寝忘食，近4个小时都没上过厕所？那就是"心流"！处于这种状态时，我们就忽视了生理需求，时间不经意间就过去了。将这种状态背后的原因综合到一起，我们就能在工作中表现得更好，感觉精力充沛，享受其中。进入了这种超高效的"心流"状态之后，注意力就会更集中，对于手头的工作也能冷静应对、从容不迫。听起来也太幸福了吧！

"心流"的概念由心理学家米哈里·契克森米哈赖提出，就是他发现了这种完全、彻底的高效状态。自己经历过的"心流"你可能一只手就数得过来，又或许你几乎每周都能达到那种状态；

"心流"发生的情境范围很广，从教育到体育，再到和"人生整理"更为相关的工作领域。高动机水平和低干扰因素促成了这种生产力的最佳状态，将这种状态进行分解，我们目前讲过的所有内容就都囊括其中了。要想解锁"心流"，就要使当下的任务达到一种平衡状态，既要有挑战性，得费点儿工夫才能完成，也要可控可行。对于成功的期待就是提升动机水平的良药。因为不论何时，我们都只能把注意力放在一定数量的事上，如果要进入"心流"状态，我们就得把 100% 的注意力全都放到眼前的任务上，把干扰因素降到最低。你瞧……

高动机水平＋最小化干扰＝生产力

为什么"心流"这么给力：

● 注意力集中，效率提升

● 无压力，无担心

● 不受时间影响

● 能量满满，沉浸在当前的任务中

听起来好像难以置信吧？但只对了一部分，因为在现实生活中，要想进入"心流"状态，任务首先要满足一些特定条件。如果感觉任务太难，或者超出了自己的能力范围，那么我们就会进入一种淡漠状态，感觉焦虑，因为觉得任务太具有挑战性了。所以，如果这个任务你之前没有完成过，又不是你的强项，或者你对自己设定的目标还有些困惑，那么"心流"就很有可能不会发生。与此相反，如果感觉任务太过小菜一碟，轻轻松松就能完成，那么我们就会进入一种厌倦状态，缺乏动力，因为觉得任务太没有挑战性了。也许是你每天都做但并不喜欢的事，比如，你觉得输入数据的工作自己都做了那么多次了，也该让同事体验体验了。看到了吧？这种情况也不好处理着呢！

要想达到"心流"状态，我们必须目标清晰、宗旨明确，能够提供及时反馈。但我们往往做不到这些，因为我们往往不清楚自己在工作中的明确角色，不怎么交流，也做不到100%的自信。所以，如果暂时做不到也别对自己太苛刻，请仔细阅读以下步骤，未来可以试试，实现"心流"就离你不远啦！

如何实现"心流"呢？

如果有一项特定的任务是你特别渴望去做，而且让你的每个毛孔都散发着动力（是你吗？梅尔，我的朋友？），或者你无论干什么都热情洋溢，那就赶紧让自己进入"心流"状态吧！越快越好！到达了这个生产力的天堂，你的任务完成起来就快多了，既高效，又乐在其中。为什么不来张到那儿去的单程票呢？为了帮你尽快实现"心流"，以下这些事项要遵守，没得商量：

- 必须清楚地知道该做什么。

- 必须知道该怎么做。

- 必须能够感知进展如何。

- 必须不受干扰。

- 必须有很强的挑战性。

- 必须让自己的能力与任务的难度相匹配。

以上这些条件也证明了"心流"不是说有就有的，不是待办清单上随便跳出来个新任务就可以让我们达到"心流"状态的。只有面对我们之前做过许多次，不用想太多就能去做的任务时，我们才能达到那种状态。对我来说，如果是需要用花里胡哨的软件来编辑图片，那就实现不了"心流"，因为这项技术我还没有完全掌握，还在学习中。然而，写博文对于我来说就是一项熟练的技能，因为作为一名博主，我都写过不下 2 500 篇博文了，所以在这件事上，"心流"是有可能实现的。你也可以把自己代入进行一下比较，问问自己以下问题，以实现"心流"。如果你目前还做不到，我也提供了一些解决方案，可供参考。

工作

你清楚地知道自己要做什么吗？

向上级寻求帮助，或者查查
这个任务需要干些什么。

知道怎么做吗？

尽可能地不断重复，变得熟
练，再慢慢变成无意识行为。

能够感知进展如何吗？

通过不断重复，你就可以意
识到自己工作完成的质量了。

可以不受干扰吗？

换个环境，先把日程表上的其
他事项放一边，让自己专心。

感觉任务挑战
性强吗？

看看有没有方法能让任务更
进一步，做得更多更好。

感觉自己的能力与
之相匹配吗？

找些能挑战自己能力极限的
任务，才能实现"心流"。

"心流"时间，我来啦！

寻找"心流"思考流程图

准备就绪后，你周围的世界可能就寂静无声了，但是如果你开始听到些什么，那就尽你所能消除这些干扰因素：可能的话，找个安静的地方，关掉手机上所有的推送和提示音。当然，你偶尔也得喘口气儿，但如果感觉"心流"来袭，别怀疑，就是它！挺过这段时间，很可能你就拥有了人生中目前为止极为高效的几个小时。如果你体验过一次这种状态，那么下次这种感觉会来得更容易，所以，如果任务刚好合适的话，就练习一下吧！

如果对你来说实现"心流"一点儿也不简单，也别害怕。我花了一整个板块来讲"心流"的事儿，你也看到了，要想让"心流"来袭，有许多情境因素都要满足。就先把这些记下来，等有了合适的任务，再运用上吧！即使你只是在尝试进入这种状态，你的工作效率也会比平时更高。如果效率没有提升，拖延症仍然笼罩着你，可以用以下方法最后一搏。每次我感觉动力严重不足时，都会试试这些方法，最后效果也不错……

如何提高产出

如果目前提到的所有方法你都照做了，那么生产力水平肯定上了一个大台阶。所以这一板块我就简要带过，其实，提高产出需要我们把学到的方法都付诸实践，所有关键的理念也都要落实，包括更高的动机水平，花更多时间做让自己高兴的事，以及由此产生的"整理后的"、精简的无压生活。大体来说，就是要利用好自己的时间，方式要适合自己，也就是过上一种"整理后的生活"。

工作

有时，对工作厌倦到不行，急需给自己鼓鼓劲儿，可常规的方法又都不见效，这时候就该使用一些小技巧了。以下两种方法记起来很容易，感觉拖延症像吸尘器一样要把你吸进去时就可以用上，帮你抵挡诱惑。

"只碰一次"法则

感觉自己可以有始有终时，再开始一项任务。

记得厨房桌子上那堆还没打开的信件吗？别打开后就把它们晾到了一边，想着稍后再处理。应该看看有没有什么税要交，打开电脑，当下就把账单处理好。别把这件事分解成一个个小步骤，因为你肯定转身就忘，把信件留在那儿积灰几周，等账单快到期的时候才想起来，还得快马加鞭赶回家处理。

要是你当时脱不开身，就先别拆开，等空出一整段时间，再对信件进行集中处理。这个思路不是所有情况都适用，尤其是对一些长期工程，但对文书工作、恼人的跑腿工作，还有电子邮箱的处理来说都效果不错。拿邮箱来说，等时间充足，可以对邮件一一进行处理时再打开它。但这条规则更适用于那些今天早晨新邮件消息为 0 的人，上次查看邮箱时，邮件数还停留在 4 387 的朋友们就算了吧。

"一天3项"法则

每天给自己设定3项要当日完成的任务。

这项法则我亲身尝试多年并调整过许多次，相信我，"3"这个数字真的有魔力。它不仅写起来顺手（个人意见，我其实也挺喜欢7的），而且我还发现一天完成3项任务对我来说效果最好。这3项任务很容易安排进早上、午餐和下午的时间里，而且"3"这个任务量让我感觉不多也不少——不会让我感觉意犹未尽，还想做更多任务；也不会感觉负担太重，不堪忍受，回家路上得扯开上衣扣子喘口气。这个量刚刚好，完美地满足了我的需求，感觉很充实。

可能你觉得自己理想的任务量要比"3"再多一点儿或少一点儿才能激起你的斗志，那就根据自己的需求进行修改吧！感觉待办事项多得让人想吐的时候，就该让你的魔法数字发挥作用了。你甚至可以再进一步，让这3项任务分属于不同的类别，给自己的一天增加些多样性。其中一项或许可以是与工作项目相关的，一项与行政相关，最后再来一项需要发挥创造力的？

瞧见了吧？我说了这块儿我会简要带过的。目前提过的建议**95%**的终极目标都是要减少时间浪费，能做到这一点，你就已经是个高产出的专家了。拖延症就哪儿凉快哪儿待着去吧。如果你还在挣扎着摆脱它，那现在你手里至少有两张王牌可以打败它了。

作者有话说

本节给"工作"部分来了一个完美收尾。在本章，我们首先解决了"整理"问题。你的工作区现在应该能很好地发挥其功能了，干净整洁，没有堆得乱七八糟的纸质文件了。希望你的整理能力得到了锻炼，现在可以应付重一点儿的任务了。然后，我们聚焦于如何高效地制订计划，包括如何安排你的一天，怎么与你自己、你的日常活动和习惯完美地契合，还有如何设置待办清单，使其既能让人有动力去执行，又不会造成太大的压力。最后，我们探讨了计划的执行，如何完成你的待办清单。你也学会了很多新方法，感觉动机不足时，或拖延症在脑子里生根发芽时，都可以随时拿来用。针对动机水平、拖延症和生产力 3 个方面三管齐下，涵盖了工作中有关整理和生产力的方方面面。工作环境整理好后，开始制订计划，之后一一执行，等任务达成，成就感和满足感就会油然而生。完成这些，你就已经做得很好了，希望没有给你增压，能让你在非工作时间中有个喘息的空间，有更多时间做自己喜欢的事。

恭喜！"人生整理"之旅你已经走完了 2/3，还有最后一部分要完成。在最后的部分里，我也会看看自己到底要提多少次"高司令"才能说服你，让你觉得"生活整理"这个话题既有趣又性感。

生活中的优先顺序你已经排好了，
工作效率也提升了，下面该把刚刚打磨好的
整理技能带回家了……

工作整理
检查清单

☐ 清理自己的工作区和物品，让这片区域功能性更强，尽可能舒适，还要清除一切有干扰可能的事物。

☐ 通过试错，找到最适合自己的计划方式，可以是纸质计划，也可以下载制订计划的应用软件。

☐ 为下一周制订一个切实的计划，要让自己感觉一切事情都尽在掌控，别让待办清单越堆越多，焦虑感也与日俱增。

☐ 整理自己的收件箱。邮箱看起来整洁美观之后，给自己在邮箱管理方面制订些规则，使它在我们的生活和工作中更好地发挥作用。

☐ 等下次自己干劲十足的时候，想想为什么能达到这种状态，写下5条原因，等需要"鸡血"的时候，就根据这些为自己凝聚些动力。

☐ 如果被拖延症俘虏了，就在以下几个实用方法中找一个试试：让自己休息一段时间，下载一个限制网站访问时间的软件，或者用用那个"只碰一次"的法则。

家居　Home

"人生整理"这个拼图的最后一块就是精简物品、整理家居。这是化零为整的一个步骤。如果你家既干净又整洁，看起来没有乱到可以上《你的房子有多干净？》这个综艺的地步，那就下班后邀请朋友来做客试试，你家要是真的干净整洁，那就不用在朋友到访前花 1 小时藏东西或用吸尘器吸地板了。还有，处理掉在菜橱里放了整整 1 个月的菜花，做起饭来也会更愉悦；要是浴缸里干干净净，没有上周剃下的腿毛，那么周日就可以尽情泡个澡，自我关爱一下；有了整齐有序的衣橱，你既可以上班不迟到，也能穿着自己满意的搭配。这一章节就像胶水，把整理的方方面面都黏合到了一起。整理好自己的家，以后要收拾的东西就少了，还能打造出一个更让人放松的环境，也不书时的担心家居综艺的主持人因为你家太乱来敲门了。

拿出垃圾袋，穿上便服，我们要开始整理了。准备好和崭新整洁的环境打个招呼，认识一下可以帮你了却忧愁的 FULL 法则吧。

让我们摒弃购物的冲动，为自己量身打造一个胶囊衣橱，一起解决"没有衣服穿"这个千古难题。弄明白为什么购物时要求质量而不是数量（不过，要是买甜甜圈的话肯定越多越好；制订清洁计划时，清洁事项的数量也很重要）。最后我们再来看看应该如何实施清洁整理计划，以此来为居家生活建立起秩序，养成好习惯。我们也会谈到你在这个过程中具体要干些什么。

现在，添上最后一块拼图，精心打造出一个家居空间，既让自己生活和工作的方方面面都尽可能高效便捷，还能保有自己的特色。

精简物品，精简人生

学习运用 FULL 法则整理自己的家。这个法则完全可以根据个人来量身定制，整理之后，剩下的东西都会是你需要的、有用的和你喜欢的，不多不少，刚刚好。

拿起这本书的时候，你很可能觉得这就是本整理手册。其实，从某种角度来看，说它是整理手册也没错。前面的章节中，我讲过如何简化生活的方方面面，从如何将定期的"数码排毒"变成习惯，到如何制订简洁明晰、执行度高的计划。在任何事上我都追求极简，但是会稍做调整，不至于感觉太受束缚。我知道，调整是一个长期过程，需要边做边调，这就是为什么"整理"这么重要了。宝贝儿，"整理"涵盖了各个方面！把物品精简到适合自己的程度只是其中一项，但是要"整理"的可不止于此。以我个人经验来看，单单清理家里改变不了你的生活，但要是和工作、生活等其他方面的齿轮一起运转，那效果可就不一样了！

4年前，我苦苦钻研极简主义的相关书籍——买了8本（哈哈哈！太讽刺了！），还上网搜索过相关资料，有空还听听极简主题的播客。那段时间我可真是成了大家的开心果了。就像之前说的，我有一点点沉迷于"扔东西"。所以我们家就从一个让人引以为豪的样板间变成了折扣家具店，还是当天下午就要停业了的那种，空空如也。衣橱空了，抽屉也空了。你猜怎么着？我也空了——灵魂被掏空。我花了太多精力和心思，不遗余力地清除掉生活中各种物质层面上的东西，虽说心里也会犯嘀咕，觉得"也许这东西还用得着？"，但是一扔起来，就不管不顾了。有时候，我的担心也是正确的。一通乱扔之后，衣服攒到两桶就必须洗，要不就没衣服可穿了。家里也没了人气儿（遥控器也差点儿没了，不过好在我最后的理智挽留了它）。原以为清理完物品后，我会感觉无拘无束、无牵无绊，这种感觉确实也维持了一小会儿。原以为我会提升境界，成为极简大师，赶超收纳女王近藤麻理惠，但是没多久我就让自己给熏着了，因为没衣服换，我的T恤连着穿了3天。之后我便意识到，自己可能做得有点儿过头了。

当然，也会有另一个极端。也许你从没想过和近藤麻理惠一较高下，也没想过怎么精简自己的家。你收藏的那些花瓶，可能数量上和我妈收藏的有一拼了；或者你收藏的票根，多得会定期溢出抽屉，这种程度可能都超过我老公了。如果你割舍不了自己的东西，也享受着周围杂乱给你带来的无与伦比的快乐，那就怎么舒服怎么来吧！可是，如果你感觉透不过气，那满坑满谷的东西时常折磨着你，或者让你效率低下，那或许就该清理一下了。在"人生整理"的语境下，"清理"的含义如下：

<u>清理：打造一片最适合自己的天地，里面都是让自己感到开心的东西，东西多少无所谓，扔掉其他让你不快乐的东西。</u>

"清理"不是说一定要让东西变少，重要的是身边的东西都是需要的，还有一些虽然可能不需要，但是能给我们带来快乐的。说到这儿，我那豹纹毛皮高跟鞋浮现在脑海中，虽然这双鞋不是必需品，但每次穿上它，我都感觉整个人精神振奋。无论是家，还是家里的东西都不该让我们感受到压力，毕竟外部世界的压力就够多了。所以你是个囤积狂也好，是个极简主义者也罢，或者处于两者中间，清理一下对你都有好处，帮你把家打造成最适合自己的一片天地，也兼顾自己的生活方式和房子的大小。

生活中，几乎任何事都涉及到"度"的问题，精简物品也是如此。我先是把"精简"发挥到极致后，才认识到其实可以有个中间状态，东西不在多少，在于是否合理。需要的、用得着的东西都留着，并且要喜欢这些东西，看着它们就开心。还要确保有一定数量的干净T恤可以穿，既不会多到"淹死"在衣服堆里，也不会少到供不上穿。在"清理"方面，肯定有不少技巧可以提供，但我就告诉你一个好记的，可以保证你不犯和我一样的错。遥控器放那儿！别碰！嗯，好吧，可能只有我老惦记着它……

FULL法则

有些整理策略建议你只保留带来快乐的东西；有些会给你规定数量，比如留下3件针织衫、5双鞋、1个记事本和1个手提旅行包；还有些策略给你限定空间，比如所有东西加起来不能超过一个行李箱的大小。我觉得第一种方法有点儿含糊，而后两种又太激进。最近这些年，我发现FULL法则最管用。没听过？那是因为这是我独创的。这方法经过了我的千锤百炼，无法决定是否该放弃一件东西时，这个方法总都能帮我做出一个合理选择。在挨个打扫房间，顺带清理门后的东西之前，以下问题需要先问一下自己：

这东西功能性（Functional）强吗？

最近一年用（Used）过吗？

你喜欢（Love）它吗？

它的样子（Look）让你看着开心吗？

只要有一项答案是肯定的，那就留着它吧。这个方法肯定不会出毛病，为什么这么说呢？

"功能性"那部分是为了让你最后别把有用的都扔了。问你上次用是什么时候，是为了不让你留恋多年未碰的东西。问你喜不喜欢，是为了不让你把有感情寄托的或者意义重大的东西扔掉，以免心痛。最后，有时候我们会仅仅因为一个东西的样子就把它放在家里，正是这些奇奇怪怪的小东西，才让房子有了家的感觉。

与其他方法相比，这个方法更保险。以我的经验来看，如果有些东西你不确定要不要扔，那就先留着，过段时间再做决定。要是5个月过去了，你还是没用到这个东西，既没有钟情于它的样子，它也没带给你什么特别的感受，那接下来该干什么你是知道的。在"清理"上建立好信心，学会听从自己的内心后，就可以进行下一步了。如果有件衣服你确实喜欢，但4年都没穿过了，而且相比之下你其实更想要一个空出来的衣架，那就是时候分道扬镳了。别担心，我们稍后会具体细讲。

超级大扫除

准备就绪了？我建议先把难的部分解决了，来一个"超级大扫除"，对所有房间、所有东西都实行FULL法则，这样你就能充分体验家居整理给生活的各方面带来的好处。但是开始前，要确保以下事情全都完成。

有些不适合重复使用的东西，就都扔进大袋子里，挥手说拜拜吧。如果还想从中小赚一笔，那就在二手网站上注册个账号。还有些东西可能不值得卖，但朋友或家人可能需要，所以我喜欢清理的时候在旁边放一个袋子，合适的东西往里装，下次去串门的时候带上。旅行中剩下的东西我都捐给了慈善商店。想想认识的人中有没有全年在游园会、小摊、慈善义卖商店工作的，问问他们有没有需要的可以拿去卖。不浪费，不匮乏，基本原则大概如此；在把东西丢进垃圾桶说永别之前，先用尽一切办法给它找个下家。

除非你住的地方四面白墙，就像"007系列"电影里反派的老巢那样，只有个艺术壁炉作为中心装饰品，否则你很可能得花些时间才能从上到下把家里清理一遍。想要一气呵成是有点儿繁重，要是你因此却步的话，不妨把它分散到几个星期。我就是这么做的，不仅没有影响基本的人际交往，也没有变成一个热衷于往外扔垃圾袋的人。你需要的是时间和一颗真正想行动的心（但愿本章接下来的部分能点燃你心里的小火苗）。你现在花时间读这些东西，长远来看，是为你的将来节省时间，因为拥有的东西越少，清理起来就越快。而且做一下精简，计算一下这些没用的东西浪费了你多少钱，还可以帮你改掉旧习，不再买不需要的东西。所以长远来看，预算方面也能受益。双赢！

谈到将FULL法则运用到家居整理中，即使是我们中经验最丰富的精简达人都会选择从小事做起，然后再转到比较大的任务上。如果整个家你都要打扫，除了要把任务分散到几天或几周，我还建议你一次只清理1个房间。这我得给你打个预防针，因为干到一半时，你可能就会蜷缩在地上了，思考为什么要开始这永无止境的工作。所以还是从一个房间开始做起吧，这样就会简单些，比如说卫生间（里面东西不多，只需要你扔掉点儿洗发水的空瓶子）。然后再转向大点儿的房间，比如储藏室或卧室，还有珍藏了很多贵重物品的房间。如此一来，你跑完半程，经历了中途崩溃，又重振精神，最终冲向终点线时，整个过程会让你充分锻炼精简物品的能力。以后处理大量纸质文件、紧身连衣裙、破洞袜子和不想要的圣诞礼物时，你就能游刃有余了。建议按照以下顺序进行：

1.卫生间；2.玄关；3.客厅；4.厨房；5.卧室；6.储物区

对每个房间进行清理的时候，以下建议要铭记在心：

卫生间

建议先从最简单的房间动手，我猜对大多数人来说，最简单的都是卫生间。卫生间要清理的东西不多，除非你像我以前的室友一样，她洗澡时留下的脱毛刀塑料护罩都能堆成个小堡垒了。水管工来通下水道的那天我终生难忘，从里面清理出来的头发有一只松鼠那么大，还有一堆脱毛刀塑料护罩。

玄关

玄关是家的入口，无论是你自己，还是来你家的客人，一进门第一眼看到的都是玄关。因为现在的房子都是寸土寸金，所以玄关也兼备了仓库、家庭办公室、杂物聚集地的功能。除非这个区域的东西都收到看不见的地方了，否则我可得劝你把这个区域的东西精简到最少。都说要躬行所言，所以我

务必：

● 确保留下的东西要么是卫生用品，要么是能让你舒缓镇静的卫浴产品。

● 可能的话，把所有东西都收起来，这样卫生间打扫起来就快多了。

● 把所有卫浴产品都放在卫生间，省得你到时候得拖着脚踝处的裤子，急匆匆穿过走廊去拿新卷纸。

务必：

● 确保味道怡人，让玄关更有家的味道、更沁人心脾。我推荐怀特公司的无花果藤条香薰，那味道真是"只应天上有"。

● 保持整洁，免得每周食材采购回来后，手里提着大包小包还被绊倒。

在这里有必要说一下，我家玄关里现在放着马克的自行车、骑行靴，还有所有与自行车相关的资料（他还想再买一辆——这哥们

家居

儿真有意思），所以有时保持玄关处的整洁并不像听起来那么简单，但是杂物越少，好处越多。

客厅

下一个是客厅。这个区域可能就有点儿因人而异了。或许你有个专门的客厅？或许你住在工作室，只有一个单人沙发和电视作为起居室？或许你家客厅是开放式的，连通了餐厅？无论你是哪种情况，客厅里都不需要放太多杂乱的东西。这个区域在晚上是我们的放松区，周末是娱乐区，空闲时是社交区。你的口红收藏真不适合摆在这儿，也不适合施展你那新养成的酿酒爱好（酿酒要用的那些味道酸爽的大型工具也不适合放在这儿）。

务必：

- 优先考虑舒适性以及装修上的部分个性。
- 保持整洁、无杂物，给自己更大的空间伸展放松，舒舒服服地看《英国家庭烘焙大赛》，再配上一大块店里买来的维多利亚海绵蛋糕。

厨房

好，清理环节由此进入高潮。为了让"人生整理"更上一层楼，我们需要把厨房打造成整个家功能性最强的区域。不但要干净整洁，还要整齐有序。这样就不至于把姐妹从法国带回来的烟熏蒜头忘得死死的，放得臭气熏天，不知道的还以为是橱柜后面死了只老鼠呢。不用FULL法则的话，你估计就只能费劲地拉开冷冻室抽屉，摸出一根藏在里面已久的香肠当作晚餐草草了事，饮食计划也就成了个遥不可及的梦。

务必：

- 打造出一个功能性强、干净的区域来储存新鲜的食物。
- 找些置物架来存放厨房必备品，并归置好。
- 确保所有厨房用具在需要时都方便拿取。

卧室

"卧室即绿洲"，这话你应该听过吧？我完全认同。卧室应该是整个家里最能让你感到舒适和放松的地方。在这样一个环境里，压力被抛到九霄云外，让你可以给自己重新充满电，不被现实或精神上的其他事物干扰。然而，对我们许多人来说，卧室却是个储物重灾区，所以我们要学习如何在清除杂乱的同时，将卧室高效利用起来。接下来，咱们一起来寻找一下精简、储物和睡眠三者之间的平衡吧……

务必：

- 只把卧室当作一个睡觉的地方，尽量不要当成一个多功能区。
- 衣服存放要干净整洁。放好了，别往地上扔。

储物区

圣诞装饰、手提箱、多余的油漆罐、你最杰出的一件作品——九年级艺术课上画的查理·辛普森……我们每个人都有些需要但不是每日必需的东西，所以也没法儿把它们扔掉。如果你很幸运，家里有个角落或缝隙，那这些东西你肯定都堆在

务必：

● 把所有东西都清出去，别有所保留。家里的每件物品都要用上FULL法则，无一例外。

● 必要时买一些储物装备，方便寻找物品，也防止它们受损。

那儿了。无论你的储物空间是大还是小，无论你把橱柜当作储物区，还是有一整个阁楼听候差遣，这个额外的空间肯定会被填得满满当当。唉，就连莫妮卡这样的重度整理患者的橱柜都是满满当当的，我们就别为难自己了。第一步要做的就是往外清。先过一遍FULL法则，然后从剩下的东西中挑出来需要的但最近用不到的，把它们放回去，要整齐有序，别像以前一样东西堆得跟火山爆发似的。

清理方式设置好了，时间也充足，多亏了前面的内容，你对每个房间的终极目标也有想法了，一切准备就绪。接下来针对每个房间给你列出了清单：从FULL法则开始，然后是针对不同类别物品的建议，帮你提升清理的效率，最后是一些技巧，教你如何把剩下的东西有序地归置好，让每个房间都尽可能精简、功能性更强一些。

卫生间

F：毛巾、法兰绒家居服、卫生用品（牙膏、沐浴露、洗发水、卷纸等）以及卫生间清洁用具

U：其他护肤品、身体护理品、护发产品

L：植物、蜡烛

L：高级香皂、润肤霜分装瓶和美观的储物柜

美妆产品

把能收的东西都收起来，这样不仅能保持化妆品的整洁，卫生间清理起来也更容易。宜家的浴室柜就不错，价钱也不贵。要是你有机会能翻新一下卫生间的话，向你强烈推荐有储物功能的洗脸台。买些塑料箱，用来放洗浴用品，需要的时候，就把它从储物抽屉里拉出来，用完就归到原位。目标就是洗澡位置的周围永远不要有洗发水和沐浴露。卫生间清理起来很难，因为里面的东西放两个月左右就会发霉。

卫生用品

我家现在的卫生间虽然小，但设计得特别好，我非常满意。而且离马桶不到一臂的距离就有放卷纸的地方，这还是我们第一次享受这样的便捷。如果空间充足，就把马桶喷雾剂、卷纸、卫浴产品、清洁产品等放在卫生间里，需要的时候方便拿取。

毛巾

要是放在抽屉里的话，最好把它们卷起来，不仅省地方，而且一眼就能看清楚。但是不管你怎么摆放，洗干净后的毛巾永远放在最下面，用的时候就拿最上面的一条，好让每条毛巾使用的次数一致。经验告诉我，每人 3 条毛巾最好，再加上一条去健身房或沙滩专用的。旧了的，或者那些存放了很久的老古董就都扔了吧。

玄关

F：衣帽架、钥匙收纳盘、文件架

U：（不一定是在玄关里用得到的东西）

L：印刷品、装框照片

L：装饰品（花瓶、植物、蜡烛、香薰等）

鞋和外套

小时候我家楼梯下有个衣帽架，外套、夹克、鞋子刚好都能放在那里。可是自从搬走后，以后再住的每个地方都没有这种便捷的储物角落了。如果有个专门的地方可以存放所有的外套，那就好好利用。如果没有，建议就都放在衣橱里，不然门后面挂满了外套，开门会很费劲，或者鞋子堆了满地，移都移不走，这就不怎么雅致了。有需要的话就整理一下吧，找个地方把这些东西放好，移到视线之外，这样你家走廊就不会跟纳尼亚魔法王国的入口似的了。

纸质文件

玄关不是办公文件归档处，所以别在那儿乱堆文件，相信我，你肯定不希望进家门后第一个迎接你的是一堆未处理的账单。建议你收到信件后就立马打开，尽快处理。如果有需要晚一点儿再处理的事项，那就把这些信件放在你常去的地方，好时刻提醒你还有任务没完成。对我们大多数人来说，常去的要么是玄关，要么是厨房，所以你要是想把这些东西留在玄关，推荐你至少买个信件收纳工具，或者买个文件篮挂墙上。这样不仅视觉上美观，也能轻触你脑中的开关，告诉你"这个该尽快处理了"。

客厅

F：电视、家具、灯具、储物工具
U：书、桌游、DVD、CD、唱片、杂志
L：相册、剪贴簿、小饰品
L：印刷品及装框照片、植物、装饰品、室内软装

书

FULL法则在这里尤其适用，我的书柜就是按这个方法整

理的。我只留下了工具书，比如食谱或者工作上有帮助的书；常翻阅的书，比如多莉·奥尔德顿写的《我所知道的关于爱的事情》，谁来我家，都得听我读读里面新娘单身派对那一章的内容；我爱看的书（见上文）；以及装帧让我喜欢的书，毕竟咖啡桌上放的书也只是为了当摆设而已。不属于这4类的书我读完就会送人或捐掉，这样客厅就不会变成专门收藏各种时尚图书、美妆杂志、小鸡文学（chick-lit，女性流行读物，是英美出版界一个专门的流派）和生活整理工具书的图书馆了。

唱片、DVD、桌游

我是那种喜欢把一切都存成电子版的人（除了书，虽然电纸书旅行时用是挺方便的，但我自己还没坐上这趟列车）。所以要我说，唱片别收藏太多，CD和DVD就算了吧。因为现在所有东西都可以往各种设备或云盘里存，方便极了，所以就留下用得到的，或对你来说有特殊情感价值的。要是你每年都得刷一遍《真爱至上》的DVD，那就留着它吧。有张唱片你一年得从头到尾播放好几次？那就找个安全的地方放好。至于其他的东西（包括那套你从来没玩过的拼字游戏），该捐就捐了吧！另外，那种半开放半封闭式的置物台简直就是天赐之物，有了它，不仅那些看着不怎么美观的杂七杂八有地方可放了，那些赏心悦目的东西也有了展示的舞台。

厨房

F：所有厨具，餐具、刀具、炊具等

U：食物！

L：食谱、带有情感价值的祖传陶制餐具

L：精美玻璃杯或陶制餐具（适合摆在开放式橱柜里）、长桌布、杯垫、餐垫

冷藏室食物

把释放气体的果蔬拿出冷藏室，因为它们会把其他果蔬催熟。所以把牛油果、香蕉、油桃、毛桃、梨、李子、番茄放在碗里，或者存放在橱柜里。那冷藏室里放什么呢？这里有个很好的方案可以参考：

上层：存放无须烹饪的食物，比如剩菜、熟肉、饮料。

中层：所有的奶制品都放这儿，比如牛奶、酸奶、奶酪、黄油。

下层：因为这是冷藏室里温度最低的地方，所以把所有生肉、生鱼都放这儿，还要确保密封良好。

底层抽屉：存放散装果蔬、袋装沙拉的完美区域。

门架：这是冷藏室里温度最高的地方，也是温度变化最大的地方，所以可以存放含天然防腐剂的食物，比如果汁、果酱、酱料、调味品等。

冷冻室食物

放了超过6个月的食物就都扔了吧（过了6个月就走味儿了），剩下的按照类别整理，放到不同的抽屉里。我家冰箱有3层抽屉，所以我在最上层放了蔬菜、面包、鱼和肉。中间层放了剩菜，因为这层是最大的，我们家剩菜也最多。底层空间最小，适合放些冰激凌、冷冻水果之类的甜品。说到剩菜，存放的时候要确保量合适，尽量装在干净的容器或袋子里，每个都贴上标签，这样里面是什么、什么时候放进去的，就能一目了然。如果你想玩那个年代久远的"剩菜彩票"游戏，期待着晚餐能有个惊喜，那不要标签也无妨。

储藏柜食物

不常用的放在上层，常用的放在下层。你知不知道有种旋转托盘？不仅好玩，也可以用来存放香料和罐头。虽然有些占地儿，但是拿东西时很方便，也值了。透明篮子用着也很方便，可以放面粉、谷物、坚果、干果等可以分类存放的东西，找起来很方便。玻璃密封瓶是网站上强推的储物方法。如果你想追求整理的极致，那别客气，标签打印机用起来。但要记住，整理和维持起来要花些时间，所以即使面粉暂时还在原来的袋子里也别垂头丧气。

盘子、罐子、平底锅等各种东西

归置厨房用具时，把它们放在方便拿取的地方，要用的时候，伸手就能够到。比如，把炊具和器皿放在烤箱旁边，餐具放在洗碗机旁边等。把东西堆成一堆可是后患无穷，等你要想从里面找什么东西时，说不定还会搞得腰酸背痛，所以把橱柜内层的架子调整到最佳高度，放取东西方便。要是空间不够，分层置物架（就是一种小的架子，可以放在橱柜里，多一层空间来放东西）是个不错的选择。如果你要重新装修厨房，那就多安点儿组合柜，越多越好，这样盘子、平底锅、特百惠的盒子等就可以轻而易举地分类存放了。光是为了装这些东西，就值得翻新一下厨房（我也希望我这话是玩笑，可并不是）。

卧室

F：家具、梳妆台

U：衣服、鞋子、配饰、美妆产品、床上用品、书、充电器

L：睡眠喷雾和一些有情感寄托的东西

L：印刷品及照片、植物、镜子和一个摆放有序的床头柜

衣服、鞋子和配饰

这个话题是我们下一章节的内容，我对如何打造胶囊衣橱还是有些研究的。对我来说，把衣服都挂起来最方便。床下的空间是存放过季衣服的好地方。在衣橱上层、难够到的地方可以放些透明箱子用来装不常用的衣服，而不要把衣服随随便便一堆，要不你每次想从那堆衣服底部抽出来一件时，上面的衣服就会如瀑布般倾泻而下，砸在你头上。

床头柜

快速扫了一眼我老公那边的床头柜，那就是个博物馆，上面有一张 6 个月前的电影票、几张纸币、积攒了 3 个月的工程杂志（还没开封）、5 支润唇膏、两块手表和一本英国林业信托的叶片识别样本手册。我懂了，要是家里没有个办公区的话，就需要一个区域来暂时存放东西，对吧？但我觉得，这些东西不适合放在卧室里（还不如放在厨房或玄关），而且 50% 的东西都是能扔掉的。

美妆产品

对我们大部分人来说，化妆品都要放在卧室（除非你恰巧是个美妆博主，卧室、办公室和卫生间都要放化妆品）。我喜欢尽量把化妆品都收起来，放在随手可拿的地方。我有个无印良品的小型塑料收纳抽屉，用来放每天要用的化妆品、吹风机和各种造型工具。虽然这仅是一个小小的改变，但是意义重大，缩短了每天早晨化妆的时间。

储物空间

在这个部分，我就不按照FULL法则推荐要保留的东西了，因为储物空间里总是充满了奇奇怪怪但又无比美好的东西。但是，里面的每件东西都要拿FULL法则分析一遍。在扔掉不符合FULL法则的东西前，看看有什么能循环使用或者能送、能捐的。那么留下的东西要如何存放呢？请往下看……

大物件

存放大物件时，透明塑料储存箱就是救命之选。里面放的是什么不仅一目了然，还能保持物品的干净和安全，因为这些箱子是密封且防水的。除此之外，它们还美观、轻便、可以堆叠。

常用物品

把常用的东西放在橱柜里靠前的位置或者阁楼楼梯入口旁边，这样你就不用费劲找了。就像储藏柜的归置方法一样，常用的东西往下放、往前放，不常用的往上放、往后放。

对自己的空间要自私

并不是说要让你在储物空间上成为超级自私鬼，但要是有很大的储物空间，我可不会拿着喇叭到处广播让大伙儿都知道，因为这样你家很有可能就成了朋友们的储物公司。我家就有个大阁楼，我们搬进来的时候，就成了朋友和家人的兼职家具保管员。3年后我们做大扫除的时候，发现大家都忘了还在我家阁楼上放着家具，都说让我们捐给当地的慈善商店。当然如果只是暂时借存一下，那没什么关系。

每半年清查一次

就像咖啡杯一样，保存在专门储物空间里的东西好像趁我们不注意的时候会繁殖似的，所以推荐你一年来两次大扫除。没必要每次都把打包好的东西精简得特别彻底，但要对现有的东西快速核查一遍，看看有没有什么能扔掉或者送人的。还要保证储物空间里的东西摆放整齐、状态良好。

如果对每个人可能拥有的每件物品我都列出具体的整理步骤和建议，那这本书都能成一篇博士论文了。不过还是希望你可以从我这儿得到一些启示，知道如何对家里满满当当的地方进行整理。从卫生间到储物空间，FULL法则都发挥了作用，你也找到了适合自己家的整理方法，但要说到"杂物抽屉"和有情感寄托的东西，那该怎么整理呢？处理这两大难题，有如下方法……

如何整理"杂物抽屉"

"装杂物的抽屉"家家都有，有的放在走廊，有的藏在卧室。而我家的一直都放在厨房。这个抽屉必须得来回拖拖拽拽才能打开，因为总有东西卡着。好不容易打开了，螺丝、透明胶带、常用药、没用过的宜家六角扳手，还有街上那家4年都没点过的印度菜的外卖单，全都一股脑儿涌出。没错，我说的就是这种情况，你是不是也遇到过？以下4个简单步骤，教你如何把"杂物抽屉"变成能轻松打开的抽屉：

1. 首先，每件物品都过一遍FULL法则。我保证，80％的东西都能丢掉。存那么多用了一半的生日蛋糕蜡烛，哪有人用得着。

2. 大抽屉不适合做"杂物抽屉"，因为太大了很难整理。

给橱柜清理出一块空间，买个可叠放的亚克力收纳盒（无印良品的就不错）。

3. 把"杂物"分好类，装到不同的抽屉里，方便需要的时候能轻松找到。

4. 想整理得更好一点儿的话就买个标签机，给抽屉都贴好标签。我的标签有"药品""文具""工具"等。这样一整理，杂物抽屉就会成为厨房里最整齐有序的区域。

如何处理有情感寄托的东西

这一点我想再三强调，好让所有人都看到：奉行极简主义的一些原则或者尝试了一个精简的方法不影响你保留自己有情感寄托的东西。让情感有所寄托没问题！小饰品、照片和继承的东西都是我们自身的一部分，在我们所经历的丧亲之痛和各种回忆中扮演着重要角色。有的人就是会比较多愁善感，有的人就不是。如果你是后者，那就祝贺你，你可能有不少多余的储物空间，本章内容对你来说也就是小菜一碟。如果你喜欢盯着照片看，光是想想要把妈妈的胸针丢进袋子里捐了就受不了，唉……即使这样也不影响你进行"人生整理"。

我能把一衣柜的衣服都撕碎，速度快得像电锯，但要是有情感寄托的东西，我就完全下不了手。我最喜欢的就是翻看旧票根、存根、拍立得照片、马克当初送我的纸条、卡片、信件我一个不差全都留着呢。18 岁生日、21 岁生日、毕业典礼穿的裙子也全留着。大学时，我打印出来了好多照片贴在墙上，因为感觉这样让自己看起来很酷、很有艺术气息，那些照片我也保存到了现在。我还经常去祖父母家串门，看看他们按时间顺序整理好的相册。老物件也太有意思了吧！让人想起过往，回忆一幕幕涌现！每个老物件都讲述着一个故事，如果想留下点儿让自己喜笑颜开的东西，让自己回忆起过往触及真心的人和事，那就让这些有情感寄托的东西离垃圾袋远点儿，把它们保存好了。

我要给你的规则只有一条，那就是：如果要留下有情感寄托的东西，至少要保证这个东西是你喜欢的。并不是说要让你办个个人纪念物博物馆，那样进你家的客人或者熟人都会感觉很奇怪，有点儿想敬而远之。但是如果能有一个方法整理好这些东西，能把它们都展示出来，也方便欣赏，那就照做吧。

照片

当然，照片处理起来简单。买些相册，挑选出自己想不断回头翻看的照片，然后进行相应的整理。我非常享受这个过程，还买了"Paperchase（英国文具品牌）"的相册和一个标签机，然后沉浸于这段愉快时光。我们曾经把所有的照片都过了一遍，挑选出喜欢的制作成了相册，这个大工程花了好几天才完成。但现在这成了我一个人的任务，每次旅行或观光结束后，我就会立马把胶卷或者照片打印出来，放进相册里。说到打印照片，喀嚓鱼

（Snapfish，提供照片存储和网上冲印服务的公司）就不错，不仅速度快，价钱也合理，不会让你打印完一张后就再也不想用了。照片整理刚开始可能花的时间久一点儿，但是只要整理好了，维持起来就不用花什么时间了，而且一本令人艳羡的相册到手后，想看随时就看。要是你的后代和我一样是恋旧的人，他们会特别感激你付出的这些辛苦。

其他

整理照片比较简单，但是你的那些穿的、戴的、玩的、或者用的东西呢？比如珠宝、衣服、工具、厨具、书等。有些东西虽然能让你心生暖意，但只有把它们拿出来时才能想起来，否则就永远放在了不见天日的箱子里，箱子上面还写着看不懂的字符："奶奶的家？家伙？家伙儿？！"有些东西不适合日常使用。比如，我从Topshop买的裙子，每次穿的时候纯粹是在找乐儿，不管我怎么收腹，浑身还是像填充过量的香肠一样。这样的东西就注定要在阁楼的箱子里度过一生，只有当我喝多了的时候才会拿出来，觉得到了穿它们的最好时机，然后费力挤进去。或者我足够幸运有个女儿的话，就可以给她穿了，但她可能觉得这些衣服不咋地，连碰都不会碰。虽然这两种情景都挺滑稽的，但是我还是会出于这两个原因保留着那3条裙子。不过有的东西就不一样了。在我们的婚礼上，祖父母送了我们一套20世纪60年代的旧壶杯，看着特别酷，但也很容易碎。我们没用报纸把它们包起来找个极其隐秘的角落放好，相反，我们一直用着这套壶杯，够疯狂吧。我们把它们放在了橱柜里，每次喝杜松子酒、鸡尾酒或夏日饮品的时候就拿出来用。现在只剩下 5 个杯子了，因为出了点儿小事故，但没关系。这些杯子既复古又有趣，每次用的时候都让我想起祖父母，他们知道一定会欣慰的。所以把有利用价值的都拿出来，做些必要的清洁、裁剪、修复、调整、打磨，然后就用起来吧！

有些东西是要读的，或要翻阅的，或只是看看的。如果是可粘贴的东西，那就买个剪贴簿，给自己打造一本情感鸡汤，每每抽时间通读，都能体会到回忆涌上心头的感觉（重要提示：把它放在书架上，方便拿取）。如果不适合往剪贴簿里贴，那就和其他有情感寄托的物品一起放进箱子里。在箱子上贴上相应的标签，所有面都要贴，确保存放妥当，不会进水。每次走进储物间的时候都查看一下，不至于让这些东西孤零零没人疼爱。

这部分内容的要点就是如果有什么东西无法割舍想要留着，那就找个方法将其利用起来。比如，奶奶送的戒指调整一下大小就可以接着戴了。好好享受这些情感寄托品，享受它们带给你的回忆，拂去眼角的泪水，继续你的快乐之旅。留下你喜欢的东西，扔掉不喜欢的，把寄托情感的东西整理成一个你的专属"内存条"，只属于你自己。

家居

作者有话说

精简物品、整理家居是"整理好杂七杂八"的经典步骤，原因显而易见。对我们大多数人而言，扔东西就是一种宣泄，以此降低一点儿压力值。没用的都清走后，家里就没那么乱了，头脑也清晰多了，我们就可以做出全方位的改变，帮助自己节省时间。如果精简了物品，从清洁、整理、收拾，到饮食计划，甚至到早上的梳洗准备，这些过程都可以加速。本章虽然不太可能根据你拥有的每件东西都给出整理建议，但是教给了你FULL法则，对于家里的每间屋子里的东西都适用，希望能让你在储物方面有所启发。整理后，希望你的家更有家的感觉，变得更有条理，走进家门时，有种清风袭来的感觉，也不需要太花工夫去保持。更少的东西=更少的清洁工作。这也是进行精简的动力所在。

虽然衣橱的问题只是在本章略微带过，但我还是强烈建议你按照胶囊衣橱原则进行整理。我知道我听起来就像个坏掉了的唱片，重复个没完没了（这4年，我一直在我的视频频道上不断唠叨胶囊衣橱的事儿），但有了胶囊衣橱，我买的衣服更少了，早上思考穿什么衣服的时间变短了，每件衣服的使用价值也上升了。既省钱又省时不是很好吗？还不够说服你？接下来一整章会彻底说服你的……

手把手教你：
从零打造"胶囊衣橱"

把自己的衣橱精心打造成一个季节性的优选衣橱，不仅能帮你节省早上挑衣服的时间，还能帮你把花销控制在预算之内。

如果我问："你觉得你家里最需要精简的地方是哪里？"我猜大概80%的读者都会说是自己满当当的衣橱，这就是为什么我让它自成一章。4年前我开始践行胶囊衣橱的理念，而此后，它给我带来的影响已经远超衣橱本身了。现在买任何东西我都更加审慎了，上网挑选衣服的时间也省了一半，不再像以前一样每件商品都不放过。我现在几乎不会冲动消费了（多难能可贵呀，毕竟我也是个人呀！），而且知道怎么鉴别好物，知道哪些衣物10年之后自己还会穿，是值得买的。更重要的是，我开始存钱了，也知道如何用最小的衣橱空间打理自己的衣物，这样的话，我有什么衣服就一目了然，早上出门前也不用像Lady Gaga（美国女歌手）一样经历数次的快速变装。衣橱整理看起来是个小事，但是它带来的影响是会慢慢渗透的，能极大程度上帮你省时省钱。

如果你每次出门前得先和衣橱斗争一番才能扯出今天想穿的裙子，或者抽屉里那一堆背心看着就像一大碗意面，那胶囊衣橱的理念可能会令你有些畏缩。"胶囊衣橱"这个词这些年常听到。时尚编辑们就喜欢推荐哪10件单品是法式穿搭的必备（是的，每次人家说啥我都照单全收），而且如果你在优兔找这类视频的话，能找到超过20万条相关结果，还有好几个是本人的呢。要是再去拼趣搜一搜胶囊衣橱的图片，就会发现一大堆好看的衣服，它们整齐地挂在房间的挂衣杆上，就连每件衣服的间距都经过了手指的精细测量，看起来就像从《建筑文摘》里找来的图片一样，但这种程度的精致可能不太人性化。来，咱们先回答以下问题，看你是否符合其中某一条：

- 是不是因为衣橱特别满，早上要找自己想穿的衣服特别困难？

- 是不是衣橱里衣服太多，总是决定不了穿什么，因此焦虑万分？

- 是不是有的衣服只穿了寥寥几次就不想穿了，或者压根忘记它了？

- 是不是总花特别多时间浏览自己收藏店铺的"上新"板块，时间长到你都不好意思承认？

就算只中了其中一条，你也应该认真考虑一下胶囊衣橱这个理念了。告诉你一个小秘密：胶囊衣橱没那么难。整理衣橱这项技术真的是每个人都可以掌握，这和你有 10 双鞋还是 100 双鞋要整理并没有太多关系。胶囊衣橱可运用的方法很多，但是多年来我自己打磨出了一个技巧，既不会过于约束，也保留了胶囊衣橱的既有优势，让你在获得快乐、时常去店里血拼一下的同时，也能找到自己的穿衣风格。这个理念中重要的不是它的规则，或是严格将衣服的数量控制在某个数字内；重要的是知道自己适合什么，需要什么，最终达到省时省钱的目的——谁不想这样呢？

道理很简单。每次换季的时候，你就得重新评估并整理衣橱。所以你需要：

- 清空衣橱。
- 还能继续穿的重新挂回去。
- 把挑剩下的衣服存放好。
- 从之前存放的衣物中找出下一季可以穿的，挂到衣橱里。

进行完这个整理的过程之后，你就拥有了全年皆可穿的基础衣物，外加一年的应季款，当你冬天只想拿出一件派克大衣时，夏裙就不会在衣橱里碍事了。而且，那些及膝的裙子要好好保存，等着来年夏日重新登场，到时，你那件风格堪比利亚姆·加拉格的大夹克衫也可以挂到衣橱里最显眼的地方啦。

打造一个季节性胶囊衣橱，使你目光所及之处只有未来 3 个月可穿的衣物，就更容易选择穿什么，更方便整理了。减少衣物的类别，纠结穿什么带来的疲惫感也会随之消退。当选择多了，做决定的压力就大了，而且因为选择太多，无论做什么决定都十有八九会觉得自己错了，这种感觉你知道吧？有了前几章提到的技巧，加上胶囊衣橱和精简好的衣物，就可以帮助你减轻大脑的这种负担了。

但有一件事让我们所有人都挺无奈的，那就是我们不喜欢穿以前穿过的衣服，用以前用过的东西。我们的心态就像乌鸦一样，总想要闪闪发光的新东西。准备过冬的时候，你会觉得与其拿出 3 年前买的针织衫拍掉灰尘，不如去买下前几天在网店看到的那件毛茸茸的新衣服。这是浪漫喜剧的经典画面，我们也都经历过。

但是在胶囊衣橱的理念下，你可以每3个月给衣服换一次季，每次换季都可以买上几件新衣服来替换掉那些过时的旧衣服，也可以紧随你喜欢的潮流往衣橱里再添置几件。这样就不会出现衣服买来却一直没穿的情况了。按照胶囊衣橱的理念，1年4次对衣服进行清点是必须要做的，而且相信我，这个过程比看上去有趣很多。有时你会完全忘记自己去年买的围巾，然后今年又买了一条，年复一年。有了胶囊衣橱这种情况就不会出现了。参加别人婚礼或派对的时候，你也可以从胶囊衣橱里找出几件衣服混搭一下，再配上不同的配饰，不用再在前一天晚上去店里冲动地买下15条裙子了。每次添置衣服时都明智一点儿，这样将来就不会对自己买过的东西感到后悔了。

在人生整理的语境下，可能胶囊衣橱最大的优点就是帮你消除了拖延症的一大诱因。当然，我们还是忍不住想看猫咪们和主人击掌的可爱视频，看到标题写着"'90后'童年的共同记忆"还是非得点进去，但是花好几个小时网购衣服会彻底成为过去。我以前会一边刷我最喜欢的时尚网页一边流口水，购物车里的物品加起来都够买套房的了。我计算了自己在这些事情上一共花掉了多少时间，结果一点儿也让人开心不起来。为什么我不用这些时间做些有用的事情呢？我可以学一门外语呀！学织毛衣呀！给冰箱除霜的话都说了两年了，可以用这些时间除除霜呀！这么说吧，如果你已经到了在某个品牌网店有了自己喜欢的模特这种程度的话，那你就该做一些改变了。

如何打造一个胶囊衣橱？

拥有胶囊衣橱的这些年来，我什么都经历过。我尝试过极简主义，有过冲动消费（不过如果没有尝试胶囊衣橱，我冲动消费的次数肯定会更多），有的衣服买了5年仍然经常穿，有的投资则非常失败，绝对是错误之选（比如圣罗兰的凉鞋，穿完好几天我的脚都还会流血，那是我最大的败笔）。

并不是说精简了现在的衣橱，用上胶囊衣橱的方法你就能马上拥有一个完美的衣橱。这个过程需要时间，坚持几年，你就会有特别的收获。到那时，你就会掌握所有的基本技巧，可以更直观地判断一件衣服是否值得买，也会知道自己拥有多少衣服是最合适、最方便做选择、最舒心的。

准备好了吗？我们开始吧！

第一步：把衣橱清空

整理衣橱的时候，我最喜欢"把衣橱清空"这个步骤了。把同一类别的衣物归置到一起，堆成一堆，鞭策自己少买些衣服。这个步骤一旦开始就必须要全部整理完才能停，不然你下一周每天进出房间的时候都要从衣服堆里跋涉。

> 1. 把衣橱里的衣服清空，放到方便整理的空地方。
>
> 2. 进行步骤 1 之前，先做个大扫除，这样 **95％**的衣服、鞋子就能都放到一个地方了。
>
> 3. 暂时把其他类型的衣物放在一边，比如饰品、睡衣、运动衣等，这样好整理一点儿。
>
> 4. 趁衣橱和抽屉空着的时候把它们好好擦干净。

第二步：分好堆

卧室中间的这些堆衣服看着会让人稍感焦虑，所以别半截停下，
继续整理！

> 1. 把每件衣服都分入不同的类别：
>
> ● 第一堆放过去一年没有穿过、愿意捐出去的衣服（我有时会把这个时间段延长到 18 个月，因为通常有的衣服我只在夏天假期时候穿或者等英国热得跟火炉似的时候穿）；
>
> ● 第二堆放需要清洗、修补或裁剪的衣服；
>
> ● 最后一堆放自己特别喜欢而且常穿的，大小正好、风格合适的衣服。

2. 开始整理，要是有些东西舍不得扔，就用"眼不见，心不烦"的方法，把它们都放到垃圾袋里，藏起来。设置一个闹钟，过几个月再拿出来，如果内心还是一样的不舍就留下，如果毫无留恋，就给它们找个更好的家。

第三步："季节"一下你的衣服

我是故意把"季节"做动词用的，因为我想告诉你，季节才是重点。

1. 把你经常穿、要留下的那一堆衣服分成两部分：

- 一部分是当下季节不适合穿的，需要放起来。

- 另一部分是现在能穿的，这些就是该放进胶囊衣橱里的啦！

2. 把过季的衣服卷起来放好，现在能穿的挂整齐。稍后我会分享高效的整理方法，让你不知不觉间就能把衣服整理好。

第四步：休息一下

胶囊衣橱整理好了，衣服也都一一挂好了，成就感满满。现在你选衣服的范围更小了，也可以坚持一天不刷网店了。做得好！这

个时候很容易就会跳回到之前疯狂购物的黑洞里，我强烈建议你
停下脚步，休息一下。

---

1. 花两周到一个月的时间试验一下自己的胶囊衣橱，看
看自己还需要什么衣服，什么是用不着的，有没有什
么漏掉的，把这些都想清楚。

2. 想到有什么要买的都随手记录下来，列个清单，子弹
笔记、整理软件、笔记本等想记在哪里都可以，下次
出去购物时对照着买。现在，我出去买东西都会先确
认一下衣橱里要不要添置什么东西。时不时添些新衣
服也挺好（我通常在每个季节开始的时候买新衣服，其
他时候就克制住自己的购物欲），不过要慎重购买。

第五步：适时改变

对我来说，胶囊衣橱最好的地方就是这种周期性的循环。当你对
现在的衣橱开始失去兴趣时，也差不多到了该拿出"旧爱"的时
候了，有必要的话再新买些之前缺的，然后再试验 12 个星期，时
间眨眼就过去了。隔一段时间给自己买点儿衣服会让你对胶囊衣
橱的整理感到更兴奋，当你有衣服穿但又不想穿时，也给了你坚
持下去的动力。

具体怎么按季节整理衣橱取决于你居住在哪个半球。我在下面都

为你详细规划好了。建议你先以季度为单位试一下下面这些步骤，这样一年就有4次尝试的机会了。

> ● 每次换季的第一个周末尽量安排出一个整理衣橱的时间，并在日历里添加提醒。
>
> ● 在整理的当天，把衣橱里所有衣服都拿出来，重复上面的第二步，把衣服分成3堆。把"绝对要留下"的衣服细细筛选一遍，当季的衣服挂到衣橱里，要捐出去的找地方放好。然后筛选之前放起来的衣服，把下一季正好能穿的衣服再放回衣橱中。

我的衣橱整理日程

衣橱整理在有些季节更有必要。比如夏天开始和冬天来临的时候，这时候天气变化最大，整理衣橱也就比春秋时更有必要。如果你觉得自己现在什么衣服都不缺，想跳过一个季节，少收拾一次也完全可以。整个胶囊衣橱的整理是非常灵活的，可以根据自己的需求调整。要是某个季节当中想要买件大衣怎么办？那您请便！

春季胶囊衣橱

3、4、5月——小整理

夏季胶囊衣橱

6、7、8月——大整理

秋季胶囊衣橱

9、10、11月——小整理

冬季胶囊衣橱

12、1、2月——大整理

剩下的东西如何处理？

现在你的衣橱应该已经非常精简了，看起来就像被施了魔法一样，但是原来挂在衣橱里的其他零碎东西要怎么处理呢？我这里有些建议。

饰品

这里指的是包、帽子、皮带、首饰什么的。我现在非常喜欢这类东西，包有谁不爱呢？不过，这个类别的确容易让人失控。配上饰品，纯白T恤和牛仔裤也能显得亮眼，而且，每个人喜爱装点自己的程度不同，所以拥有的饰品数量也不同。我建议你把过去12个月没有戴过的饰品都挑拣出来送人。剩下的都留好，物尽其用，和基础款衣服搭配起来，作为点缀。我有好几对环状耳环、1条黑皮带、1顶夏天戴的草帽和1顶冬天戴的针织便帽。估计还有8个不同类型的包，包括差旅用的大托特包，还有1个和我誓死不分离的小香奈儿手包，这些对我来说就足够了。

内衣

我承认，谈内衣方面的问题，我可能不是最佳人选，因为我最喜欢穿的几件内衣都开线了。尽管如此，我还是会尽我所能谈谈。最近，我把我所有破洞的袜子都扔了，买了新的，这让我觉得自己像个女王。整理内衣花不了多少时间，把所有内衣都拿出来，想清楚哪些留下、哪些不要就可以了。不合适的或者快穿坏的通通扔掉（这点要牢记）。是不是有些内裤太紧或者有点儿破了，也处理掉吧。袜子破洞了？说再见吧。把需要添置的内衣列张清单，等预算充足了一并买回。

睡衣和便服

这是我最喜欢的一类！我在家的穿衣风格一直都是以舒适为主，后来我开始居家工作，就一周7天，一天24小时都穿睡衣了。对不住了，快递小哥们。要是你没打招呼就来了我家，肯定会看到我穿着一件大大的T恤，像是偷穿了我丈夫的一样，还穿着一条如果不系裤绳，裤子就会掉到脚踝的运动裤。和整理内衣的步骤一样，先把放睡衣、便服的抽屉清空。把那些要烂不烂、不合适或从来都不穿的都挑出来。不知道为什么，这类衣服真会让人犯收藏瘾，不过理论上我们只需要4套而已，2套长袖或短袖T恤加上长裤，冷点儿的月份穿；另外2套背心和短裤，主要是在夏天穿，也可以根据天气来随意和其他衣服搭配。

健身服

我以前一直都觉得健身服不值得买，但现在我不这么觉得了。不是说让你花好几百元买条健身裤，只要质量好、不勒得慌、不往上缩也不往下掉、伸展腿时也不透，就值得入手。把所有健身服都筛选一遍，没法儿用的都清理掉，比如磨损了无法修补的，穿不下或太过松垮的，实用性差、出汗时穿着不舒服的等。尺码不合适或穿着不舒服的能捐尽量都捐出去。如果缺什么运动装备，就列个采购清单。参照每个星期运动的次数，按照1次1套运动服算，再多准备一两套，这样就永远有干净的运动服穿了。我每周尽量运动4次，所以我要保证自己有5件运动内衣、5条健身裤和5件运动上衣。再加上2双运动鞋，1双跑步用（如果你喜欢跑步的话），1双去健身房练习时穿，这样就足够了。健身服每次洗完几个小时就能干，所以不用非要买完耐克所有的运动服才肯罢休。

正式场合着装

这个类别有些复杂，要是你年纪不小了，隔个周末就得参加场婚礼，并且实在不想再花350英镑参加本年度第5次单身派对了，那这个类别对你来说尤为棘手。建议你找到属于自己的正式穿衣风格。喜不喜欢套装？还是更喜欢连体裤？又或是更喜欢茶歇裙？可能以上这些你都挺喜欢，愿意混着来？就我个人而言，我感觉穿连体裤是最舒服的，所以我衣橱里有4条连体裤，在正式场合可以轮流穿。我还有 1 条有大裙摆的裙子，想要打造出夏日感的时候就穿它。我觉得 1 个纯色手包和 1 个印有图案的手包（我说的当然是豹纹图案啦），外加 3 双高跟鞋（1 双裸色、1 双黑色、1 双还是带豹纹图案的）就足够我随意搭配而毫不厌烦了。

如何存放衣物？

胶囊衣橱整理妥当后，维持它的美观就成了关键。毕竟，要是你还是积极秉持着"衣服满地丢"的理念的话，那早上收拾、打扮就还是像打仗一样，只是地上堆的衣服没以前那么多了而已。我家衣橱的空间不是很充足，所以我发明了 1 个整理衣服的技巧，巧妙地利用起每个细小的角落。要是现在你还没能置办出梦想中的衣物间也不要气馁，总有一天会做到的！

当季的衣服

建议把当季的衣服尽量都挂起来。衣服洗完后，直接挂起来不仅可以保持整洁，有什么衣服也可以一目了然，特别方便。如果有 1 种类别的衣服你买了很多，比如 T 恤或牛仔裤，那么最好叠起来，摞到架子上或放到抽屉里，省出点悬挂的空间。我会把衣服叠成小长方形，这样就可以竖着放到抽屉里，方便找（就像放书一样，通过书脊一眼就可以找到想拿的书）。既然聊到叠衣服的问题了，就嘱咐一句，厚毛衣（或者任何针织的衣物）最好按照其原有的形状叠起来，避免抻拉。在我的衣橱里，针织衫和 T 恤放在了最上层，其他衣服都挂了起来，下面摆放鞋子（鞋子放进衣橱虽然不是最理想的，不过每次我都会清洗后擦干再放），最下面的两个抽屉，一个放内衣和睡衣，另一个放运动服。对于我所有的衣服来说，我每天"宠幸"它们的概率都是一样的，不过要是你通勤穿一套，居家穿另一套，那就有必要在视觉上把衣物分成两类，从衣橱的一端开始放工作穿的衣服，另一端开始放居家穿的衣服。

过季的衣服

对于过季的衣服，床底下是最理想的储存空间，因为说不定哪天这诡异的天气就会逼你找出一件背心，或者厚厚的毛绒大衣来。在存放之前，把所有的衣服都洗好，有需要的话也可以干洗，该修补或调整的地方也都弄好了。如果床底下放不了东西，就另寻他法。如果实在找不到放置的空间，装进真空压缩袋里也不错，不仅价格便宜，用起来也乐趣无穷，而且空气吸出去后体积会变得特别小，可以轻松塞进家具下面或者背后，或者尝试利用任何还没有用到的空间，比如放入空置的行李箱里。我用两个床底柜专门放过季衣物，一个放鞋子（和纸质文件一起，奇怪的搭配），一个放衣服。到了冬天，衣服的体量都更大一些，收拾起来就像做运动一样，因为想要把一件带人造毛内衬的派克大衣塞进床底着实不容易。实不相瞒，塞不下的衣服我都装进了空置的行李箱里，每次要去度假前打开行李箱都会有惊喜："看！我的雪地靴！我真的经常穿的！"

胶囊衣橱疑难解答

对于胶囊衣橱人们有些共同的误解，下面我将它们一一列出来，并提供一些解决方法。

打造胶囊衣橱很"烧钱"

衣橱的预算完全因人而异。如果换季时你觉得不需要添置新衣服，或者预算吃紧，那也没问题！可以用已有的衣服来进行创意配搭，这毕竟也是胶囊衣橱的一大理念。

胶囊衣橱需要很大空间

胶囊衣橱的本意是让你节省空间。当然，有空间来放过季衣物当然更好，但是就算没有，也可以把衣橱分成两部分，一半用来挂当季的衣服，一半用来存放过季的衣服。

打造胶囊衣橱太费时

是的，是得投入点儿时间。这点我不否认，换季整理、重新归置得花掉你几个小时。不过，想想当衣橱整理好了，能给你省下多少上网买衣服的时间。我喜欢在每次换季最开始的几周买新衣服，然后整个季节就尽量什么也不买，直到下个季节来临。这样就完全打消了我每天都要浏览自己钟爱的时尚网站的冲动，所以到头来是省时间的。尤其是早晨挑衣服时，不知道给你省了多少事儿。早晨你再也不用跑着赶公交，然后对着陌生人的脸大喘气5分钟不带停的了。

怎样打理胶囊衣橱

知道为什么买牛油果的时候人们宁愿挑 1 个熟透了的，而不是挑 4 个体形更小，买回来放了两个星期还坚硬如磐石的吗？这就应了那句老话——要质量不要数量。我觉得在买衣服时用这句话是最合适不过。想想你年轻点儿的时候是不是每次发了薪水都拿着购物基金去血拼，然后再去必胜客吃顿午饭？我就是如此。我花两英镑买了双凉鞋，又花了不到 1 小时时薪的价格买了条棕色波希米亚风的 3 层短裙（当时我特别渴望穿出妮可·里奇 2008 年带起来的那种波希米亚风的效果）。那双凉鞋我穿了 1 个季度，但是第二年夏天就开线了，鞋底也破洞了。无论是不是因为我走路太用力，现在我都会选择更耐穿的鞋，买东西时"要质量不要数量"的准则高于一切。

理想情况下，买的衣服应该 25 年后也不会坏，还能继续穿。每次被问到这件衣服是从哪儿买的时候，你都会有一丝丝得意。不过，不是每件衣服都能穿那么久的，尤其是那些天天都穿的。

我既买些值得投资的高端服饰，也买些质量好，但更新换代可能会快一点儿的平价衣服。

值得投资的衣服	可以少花点儿钱的衣服
夹克、大衣等外套	棉T恤
针织衫（尤其是羊绒和羊毛的）	牛仔裤
靴子、皮鞋	夏季的鞋（凉鞋、帆布鞋）
私人订制（西装、西裤）	白色上衣（沾上汗渍和污渍的话不好清洗）
经常穿，而且能穿很多季的基础款	流行款式，但自己不常穿

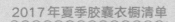

2017年夏季胶囊衣橱清单

最常穿的：
- 古驰乐福皮鞋
- Equipment（法国品牌）扎染丝绸衬衫
- 草编包
- 纯色T恤
- Topshop水洗牛仔裤

待添置的：
- 皮凉鞋
- 短裤、短裙、连衣裙
- 合适的吊带背心，不会每两分钟就走光1次的那种

为了给衣服分好类，建议你不仅要记录一下胶囊衣橱里缺什么，需要添置什么，还要记下你最常穿的，清楚自己有哪些类别的衣服是要优先购买的。我会把这些记在子弹笔记里。举个例子吧，下面就是2017年夏天我列的清单：

知道自己需要什么之后，就要确保自己买到对的东西。不过，衣服的质量到底怎么看呢？虽然你可能会觉得越贵越好，但质量其实不一定和价钱挂钩。在买东西时，以下因素要考虑清楚：

耐穿耐用

我们要买经得住洗，且耐穿的衣服。要做工精良，不易扯坏、起球、起褶。想知道如何评价衣服的质量和耐用程度？继续往下看。

舒适度

实用性对衣服来说很关键。那种一天到晚需要精心打理的衣服，没人想要。所以买的衣服接缝处要平滑，不会划到皮肤，裤腰、接口、袖口处也不勒得慌。

大小合适

既然要买衣服，肯定都想买看起来就不错的。这就需要衣服大小合身，穿上行动自如。

慢慢来。衣服不要抓一件就买，试穿一下，花5秒钟在湿冷的试衣间感受一下，然后再去收银台付款。买东西的时候要多一些考虑的时间。网购也是如此，好好确认一下衣服是否耐穿，是否舒服合身。然后和衣橱里的其他衣服比一下，看看好不好搭配。如果没有可搭配的，那就退了吧。

如何评价衣服质量

做自己的质检员，亲自仔细检查一下买的衣服吧！姐妹们，拿出你们的侦探风衣和放大镜！当然，试穿的一系列步骤不能少：穿上之后坐一坐，弯下腰，将双手举向空中，再来一段毛利人的赛前舞感受一下。不过要对1件衣服的质量说出一二，我们还需要再用眼睛扫一遍。我们只要知道应该检查哪些方面就可以了，这里就有一个小小的指南，下次买衣服的时候可以参照。

1. 看面料
把衣服翻过来，找到标签，看看具体的面料成分。

亚麻

亚麻含量很高的衣服，面料质量应该也差不了，因为整体来看杂质会少一点儿。亚麻摸起来不会太粗糙，但是肯定会有褶皱，所以买之前先想好自己介不介意。把衣服在手里握成一个球，看看面料能皱到什么程度。然后在购买时也要注意，看看面料有没有什么大的褶皱，因为折叠或者悬挂不当造成的褶皱很难恢复。

棉

棉质衣物其实在平价商店里买就不错，因为棉布料成本本身就不高。高质量的棉料都是使用长纤维制作的，所以你可以通过看面料是不是柔软、是不是起球，来评价其质量。即使衣服本身很薄，但如果用的是高质量棉料，那在日光下也不会太透光的。夏天非常适合穿棉质衣服，不仅透气性好，也容易打理。

丝绸

丝绸应该触感柔软，在指间揉一下，就能感受到面料的温度。检查一下丝绸的光泽度，在阳光下，面料表面颜色应该会略有改变，而质量没那么好的丝绸就只会反射出白光。

羊毛

羊毛面料不好判断，因为制作工艺的不同，所以种类很多，质量也参差不齐。但无论是哪种羊毛衣物，编织走线都应该整整齐齐，买的时候也要注意面料不能起球（虽然时间长了都在所难免）。还要关注柔软度，想想如果贴身穿一天会舒服吗？比如，马海毛无论质量如何，穿着都会有些痒，而好的羊绒则会非常柔软、亲肤。

牛仔裤

全方位检查一下，看看针脚和接缝处是否干净整齐，抻拉的时候弹性如何。尤其注意一下经常会拉伸的部位，比如膝盖处的接缝，质量不好的牛仔裤膝盖处往往最容易开线。厚度并不是评判质量的指标，但可以作为个人偏好。厚的布料会更耐穿，而薄款的、有弹性的会更容易变形。

皮革

认准全粒面皮革，就是那种有波状纹理的。那是质量最好，也最适合穿着的皮料。仔细观察一下，那些纹理不是整整齐齐的，也不是印上去的。也检查一下皮革的拼接方式，要找接缝结实的，胶水粘的可千万不能买。

人工合成面料（涤纶、氨纶、人造棉、人造丝、尼龙等）

检查人工合成面料没有统一的方法，因为每一种面料在使用和打理上都有自己的特点和优缺点。试衣服时要是遇到不清楚的面料成分，建议你快速上网查一查。用手摸摸感受一下是不是舒适、柔软，对着光看一看，轻轻拉一拉，看看织纹的密度（越密越好）。

2. 把衣服翻过来

检查好面料后，看看接缝的地方，别有松动的线头。接缝干净整齐就说明衣服质量比较好，扭曲零乱的针脚就说明质量不怎么样，简单吧。试着拽一拽，看看接缝结不结实，穿到身上后接缝处应该是比较贴肤的。如果是有图案的衣服，那么所有图案拼接处看起来是一体的才算质量好，这样最后才会显得特别时髦。说真的，做到这步，你会发现只要这一点做好了，衣服就会显得更高级、更好看。

内衬不是所有衣服都有，不过有的话还是好一点。这样穿上脱下时更方便，还能保护里面的接缝，你的一身臭汗也不会弄脏外面的布料。检查内衬也要像检查外面的面料一样（方法见上文），内衬也要和其他衣服一样有洗涤标识，不然洗衣服时有你糟心的。

3. 检查细节

现在该拿出放大镜，对着你要买的衣服，近距离检查一下上面的细枝末节了。我以前总觉得那些把口袋缝起来的衣服质量都很差劲，但其实缝起来有利于保持衣服版型，也让衣服更服帖，如果要用口袋的话，可以自己拆开呀。天才！不管怎样，针脚要干净，内里不能有多余的线头。拉链要拉得顺，不会卡住，动起来的时候拉链不会自己上下跑。纽扣是最后一项要检查的，而且要判断一件衣服的做工最容易的方法就是看纽扣。质量好的衣服纽扣都缝得很紧，也都有1个多余的纽扣备用。仔细看看纽扣的洞眼有没有加固，看看针脚如何，有没有出现毛边。

步骤确实有点儿多，但是检查一遍之后，你不仅能淘到物美价廉的衣服，也能识别出看上去高端但是偷工减料的衣服，这样就可以在买衣服时做出明智的选择了，买来的衣服不会洗一次就报废。现在你已经知道该怎么检查了，也明白哪些衣服值得买，哪些可以放回去了。

如何保养衣服？

衣服的数量已经减少了，剩下的都是大小正好、风格适合、讨你喜欢的衣服了，基本上每件衣服的使用频率都变高了。不过，衣服少了，穿的频率高了，也意味着要洗的衣服变多了，洗衣服的周期肯定也变短了。洗衣服这个话题并不吸引人，但是保养衣物是胶囊衣橱策略中的一大内容。你越是悉心打理，衣服的寿命就越长，这就是保养衣服的最终目标呀。所以苦练一下保养衣服的技巧吧，仔细阅读衣服上的标签，搞懂每个符号的意思，保证非常有用。还有一个好处就是，搞明白衣服的清洗方式之后，洗衣篮里的衣服就更好分类了，大概两分钟就能分好。手洗可能费点儿时间，每月往返干洗店时也是不情不愿（去干洗店这个事项也要加到待办清单里）。但愿你再也不会经历衣服缩水了，针织衫也不再被染成那种连芭比娃娃都无法驾驭的粉色了。

棉料和日常衣物

要洗的衣服属于哪个种类我们十有八九都知道，闭着眼睛就能团成一团放进洗衣机大洗一通。我洗衣服时会把衣服分成两堆，一堆是浅色系，另一堆是深色系，然后分别倒上洗衣液、一盖柔顺剂（洗运动服就不要用柔顺剂了，会残留在氨纶布料上，容易产生细菌），用30摄氏度的水快速清洗。选择快速清洗是因为时间短，1个小时就能完事，不至于洗到天黑，而且也能节省水费，还环保。

洗完之后我也不用烘干功能，一是因为我们家的这个功能坏了；二是因为烘干后衣服会缠在一起，我又懒得去管那些折痕。我会把衣服挂在晾衣绳或晾衣架上，如果还不太干的话，就用除湿机吹吹。晾干后，能熨的衣服我都会熨一熨（怎么可能），然后挂起来，或者叠好放进衣橱。不过，对那些比较难打理的面料我们要多加留意，就是洗涤标识特别长，穿的时候必须在腋下垫卫生棉才不会被刮到的那些。不要慌，有我呢……

羊毛和羊绒

因为这种面料打理起来太烦人了，所以还是听听我有什么方法吧。我买了一些纯色、薄款的T恤，穿在羊绒针织衫和厚实的毛衣里面，既不会出很多汗，每次洗衣服也只用洗那些棉T恤，而不用每次都洗羊毛衫和羊绒衫了。生活就此改变！那什么时候洗羊毛衫呢？具体情况具体分析。如果我出了很多汗，去了烟味弥漫地方，或者某件羊绒衫特别贵，贵到价格永远不会告诉我妈，那我就会拿去干洗店洗。如果衣服特别贵，但也没有很脏，我就会在家直接用冷水手洗，用专门洗羊绒的洗衣液，洗完后要铺平晾干，不要有太多的扯拽。如果想偷懒，我就会用洗衣机的羊毛清洗模式，同样倒上专门的洗衣液，然后祈祷一切顺利。羊毛面料比羊绒更硬一些，所以我通常直接机洗了。我还建议你买一把羊绒梳，因为这可是能帮你省事儿的好物。你知道去脚部死皮的那种浮石吗？它也可以用来去除衣服上的毛球，道理和去死皮基本一样，超级方便。

丝绸

多年来，弄脏丝绸衬衫已经成了我的一大"爱好"，可见我这里的方法当然都是经过千锤百炼的。有些丝质衬衫就是不能水洗的。质地特别好的丝绸用手划过时，面料的光泽会随着角度变化而变化。看好洗涤标识，如果写着只能干洗，那就留给专业人士打理吧。丝绸衬衫可不符合洗衣机快洗的标准。洗完之后，让它们晾干（丝绸永远不能滚动烘干），然后再用蒸汽熨斗熨一熨，感觉自己就是《服饰与美容》杂志的实习生一样。

牛仔

要说如何打理牛仔面料最好，是有些争议存在的，有的人会用专门的洗衣液，有的人认为少洗为好。不过后面这种方法在我个人看来会有尿路感染的风险。我尽量在这两个方法之间找到平衡，把牛仔面料的衣服和其他衣服一起清洗，不过放进洗衣机之前先把它们翻过来，里面朝外，而且能少洗就少洗，洗的话洗久一点儿，另外尽量保持它们的版型。

只能干洗的衣物

如果写着只能干洗的衣服是前面3种面料的，而且不那么娇贵的话，我有时候就会偷下懒，直接手洗了。首先，我会先拿衣服上不太显眼的部位试试水，看看效果如何；但只有常穿的衣服我才会这样试，比如衬衫和毛衣。如果是那种正式场合穿的连衣裙或针织衫，我会接受现实跑去干洗店，因为他们有神奇的方法，可以让衣服崭新如初。如果衣服我没穿多久，还挺干净，我会用蒸汽熨斗熨熨，这样也挺管用的。

作者有话说

和本书其他话题相比，胶囊衣橱看似是整个"人生整理"拼图中较不起眼的一块。不过它真的不是一片随意的天空背景，或者是位于边边角角的不重要的拼图。相反，它非常重要，没有它，整个人生整理的拼图无法完成。你不一定要全盘接受我的建议，每次换季都重新整理衣橱并做好记录。但是读完这一章内容，就算你只是扔掉了一些之前没有用或不再合身的衣物，你也能从精简过的衣橱中获益。如果你还没决定好要不要整理一个胶囊衣橱，为什么不先试一试呢？就算只是试试刚开始的整理步骤也行，肯定也能达到宣泄情绪的效果。并且我们都得冷静严肃地审视一下自己的消费习惯，看看自己积攒了多少衣服。除了整理，你还在往洗衣专家的路上走，我保证你那些白色系的和娇气的衣服都会对你感激不尽。

现在这些只是微调，基本就要完成了，希望有了胶囊衣橱，改变即刻出现。当你开始整理生活中的其他方面时，将胶囊衣橱的理念应用其中也会更加顺理成章，因为这深刻影响着我们如何向他人、向世界去展现自我。虽然在家时，我们都不修边幅，总是穿着松紧裤和毛茸茸的拖鞋……不过说到家居，我们还有最后一件事要探讨，那就是家务。我这个洁癖患者会给你介绍一些清洁的好习惯和打扫的小贴士。咱们离"整理后的人生"只有一步之遥啦！

料理家务，
其实并不难

精简了物品，现在该将日常清洁纳入生活中了，为自己，也为你"整理后的人生"创造一个完美的家庭环境吧。

本章开头，先声明一下，我没有孩子，没有宠物，老公也不邋遢。这 3 个因素综合起来，料理家务就算不上是一项繁重的任务了。我们每周搞 1 次大扫除、付清账单、洗好衣服、采购食材，睡觉前在床上看烹饪视频，过得丰富多彩。要是你有孩子，有个闹腾的狗，再加上个觉得每两周倒回垃圾都太频繁的老公，就拍拍自己的后背安慰一下自己吧，这章你大可翻翻就过，顺便给我的方法挑挑错。尽管我的经验有限，但还是要跟大家分享一下。毕竟我翻修过整个家，在两居室的公寓里办过婚宴，所以对装修后的深度清洁，以及对如何清理洒在奶油色羊毛地毯上的阿贝罗鸡尾酒还是略知一二的（**Dirtbusters** 除污剂是天赐之物，亚马逊上就能买到）。

本章是这本书的最后一项内容，因此讲的都是一些收尾工作，把之前讲过的都联系到一起。如果你的衣橱角落里全都是灰尘，那胶囊衣橱对你来说可能有点儿残忍了。饮食计划是不错，但是如果你从来没有采购过食材，那么列出清单对你来说也不是那么容易的事。所以要认真做整理，相信我，洗干净床单，星期天你的懒觉会更香甜。

付诸行动，养成适合自己、适合家、适合家人的家务料理习惯会花些时间，但是找到合适的方法后，就可以解放你的时间，周日再也不用花时间清理烤箱里积年累月的碎屑了。本以为做预算是本书最无聊的地方了，直到感受完"人生整理"的压轴好戏——"清洁"……

我不会标榜自己是个爱干净的人，但我有着"清洁"的血统。我妈特别喜欢打扫，她在清洁那块20世纪90年代的地毯时能在地毯表面留下间隔完美的光泽，你甚至都能看出吸尘器的运行轨迹。为她欢呼吧！我不喜欢吃力不讨好的活儿，但我喜欢最终的结果，这才是重点。但是倒垃圾也好，其他家务活儿也好，都是为了家里的干净整洁，好让你打开家门时，能放松下来，心态也更平和。

我们都可以感受到，当家里干净整齐时，心情就更好，而且科学也证实了，干净整齐的家确实会给我们带来身心上的益处。2010年，一项发表在《个性与社会心理学公报》的研究发现，将居住环境描述为"凌乱"的女性比那些觉得自己居住环境"令人放松""有治愈能力"的女性更容易感到沮丧和疲倦。2011年，普林斯顿大学的研究者发现，杂乱会降低研究对象在任务上的专注力。美国国家睡眠基金会做的一项调查发现，75%的人表示睡在刚洗过的床单上时，他们的睡眠质量会更好。料理好家务、整理好家里的环境在本质上就是一种自我关爱的行为。做些事情来让自己为目前的生活环境感到骄傲，其实就是向自己证明，你值得待在这么一个漂亮、精心打理过的家里。你值得拥有！明白为什么要养成料理家务的习惯了吧？还需要更有说服力一点儿？请往下看：

- 家里随处可见的毛发少多了。

- 家里香气迷人，令人陶醉，看电视前也不用拿睡袍的袖子拂去电视上的灰尘了。

- 下次父母不打招呼就来时也不用慌了，因为你家的干净程度完全可以媲美五星级酒店。

- 花在清洁上的时间总体上更少了。真的！

最后一点让你心动了吧？你瞧！在清洁上，我的信条与整理胶囊衣橱正相反。对于衣服，我宣扬的是质量大于数量。对于清洁，我觉得目标应该是数量，加上一定程度的质量，也就是时间短但频繁的清理。我每天要做的家务很少，有很多家务我是1周做1次，感觉运用这种方法后，就只需要做些快速"小"清洁，而不用花几个小时做深度清洁，打理许久未清扫的地面了。把这些小习惯加起来后，你会发现"多即是少"。这些习惯养成后，安排进自己的时间表里，就会成为一个自动化的过程，你不用多想就可以完成。想少花些时间清洁，有更多时间做自己更喜欢的事儿？方法如下……

开始清理！

清理的方式取决于你和谁住……

如果你独居

很好，清洁工作就是你一个人的责任了，所以承担起自己的责任吧！如果你喜欢周二晚上 10 点用吸尘器清理地面，那就行动吧！（还好我不住你家楼下。）

如果你和朋友住

最好要和朋友沟通好，制定一个时间表，即使这么做让你看起来像个老古董。不用非得打印出来、贴在冰箱上，但是大家要达成共识。我听说过每周轮班的方式，每周你都有自己的固定任务，到了下一周就和朋友交换任务。或者 1 人打扫 1 周，如果你平时很忙、经常不在家的话，这种方式很不错。

如果你和家人住

你们很可能已经有了家务的约定，也许是你们之间商量好的，也许是 20 多年的同居生活中根深蒂固的习惯。如果你觉得自己现在没有尽到责任，那就行动起来，多承担一点儿家务。世事难料，没准儿在下次的电视遥控器争夺战中，这种"善举"能给你带来更多话语权。

如果你和另一半住

既然要长久地生活在一起，就要和另一半商量好家务分配。婚姻幸福的秘诀是什么呢？就是要考虑到双方的时间安排，尽量公平些，往一人做一半家务上靠，免得你到时候怒气冲冲地把浸了漂白剂的马桶刷往马桶里塞。我把家里具体的清洁任务分成了两部分：马克负责厨房和卫生间，我负责其他地方。当然，要是我们其中一个人出去旅行的时候就不照这个方式来了。但是总体上，我们都是这样分配和执行的。如果光是想想每周要清洁卫生间，你就想蜷缩起来在浴缸里睡上一觉，那你俩就轮换着来，这样你就不用总清洁一个地方了。如果你俩能平等地分担家务，那就可以保留精力为更重要的事情争吵了，比如今年圣诞节去哪儿过，上次是谁给车加的油，等等。

任务分配方式确定下来后，就要确定自己真正要做的是什么，以及多久要做一次了。或许家务对你来说已经不在话下，只需要在日程中把家务安排进去就好；又或许你家务经验不足，连洁厕剂长什么样子都分不清。下面的部分将解决你这些困惑。

家务时间表

道理都懂。每天都做一些家务，就相当于每周要做的变少了。每周做一次快速清理，等你下次抽出时间再做家务时，就不会有 5 厘米厚的积灰了。这就是一个多米诺骨牌效应。大致遵循接下来给出的指导建议，做家务就成了自然而然的事，无须太多思考，一边听着播客就能一边完成。以下是我的一些建议，教你如何把家务分散开来……

每日	每周	每半年	每年
每天早上铺好床。	清洗衣物（可以根据个人需求增加次数，我一周做两到三次）。	清洁百叶窗。	如果有窗帘的话就一年洗上一次。
晚饭后清洗餐具，或者都放进洗碗机里，然后简单擦一擦。	更换床上用品，清洗所有的毛巾。	对烤箱进行深层清洁，确保洗碗机和洗衣机也都干干净净。	擦擦窗户里面，如果不着外面，就买个擦窗器帮你从外边擦。
注意观察垃圾桶，满了就倒。有必要的话做下垃圾分类。	快速清扫一下各个台面、挂画轨道和壁脚板（从高到低打扫）。	深度除尘，清扫一些家具底下和床后面，特别注意一下床和床垫周围。	冷冻室除霜（不一定一年一次，视情况增减次数）。
东西用完之后放回原处，省得一周到头还得来个大规模整理。	用吸尘器打扫所有的地板、地毯、地板有必要的话也可以用拖把擦擦。	给床垫旋转个方向（有必要的话也可以翻面，网上搜索一下就知道需不需要翻面了），每三个月到一年做一次。	
	打扫厨房和卫生间。		
	查看一下冰箱，做好下一周的饮食计划，列出清单，安排食材采购。		

家务分配表

这些都是家庭卫生这个难题中的一部分，所以把这些事情安排进你的日常计划吧。清单上的这些每日必做现在我随手就能完成；如果这些事做熟练了，花的时间自然就少了。每周事项中的大部分我都是在周六早上做，尽量不耽误别的事，能够享受周末剩下的自由时光。不过，我习惯周一洗衣服（因为周末常有朋友来做客，要是周末洗，那在衣服晾干之前家里就会像一个湿衣服博物馆，衣服在宾客们的注目下随风飘扬），也习惯周一采购食材，因为这样更适合我的饮食计划。而半年的事项会自然发出提醒，比如烤箱开始散发阵阵臭味，告诉我们该好好清洗一下它了；也会开始怀疑床下的地毯一直都是灰色的吗？至于每年清理事项，可能需要你把它们加进日历里，设置好提醒，因为你可能会忘记，直到你和别人谈起"我擦窗户的时候怎样"的时候才会猛然想起自己该擦窗户了。好了，下面该装配上你的清洁武器了。

清洁工具

要想完成好家务，首先工具要到位。我还记得自己以前把口红摔到地毯上，用水和纸巾怎么擦也擦不掉，这才知道自己摊上事了，急出一身汗。所以我想给10岁的自己一个忠告：不偷妈妈的口红也就不会弄掉了。傻瓜！

逛超市时，你是不是觉得你得砸下一笔钱，橱柜里还要有足够的空间放下27种不同类型的清洁剂？大可不必！哪儿脏了、漏了、染色了，只需有了以下几样东西，**99%**的情况都能解决！

万能抗菌清洁剂

有它在手，你就万事大吉了。从卫生间到厨房、床头柜，用在哪儿都行。我钟爱"Method"（美国清洁品牌）这个牌子，因为它特别好闻，就像点了整整24小时的高档蜡烛。

卫生间清洁剂

买个大容量的，因为它用处特别多。我会用万能清洁剂清洁物体表面，用有漂白功能的卫生间清洁剂清洁内部。虽然这东西不是卫生间储物的最佳之选，但是用起来方便啊，比如你不小心把染眉膏甩到洗手池上时就能用上。听我的，没错。

玻璃清洁剂

如果你擦镜面不用玻璃清洁剂，而用了别的，那么接下来这一天里，随着光线的变化，你会在镜面上看到各种图案的污渍。你擦的速度，远赶不上污渍出现的速度。如果你家里的装潢很高档，那买个木材或石材清洁剂也值得，因为这些高档的东西需要经常进行特殊护理。

地板清洁剂

你可以稀释一下通用清洁剂，这样不用花太多钱就可以打造出一种适合你家地板的混合清洁剂。不过我家的清洁剂不用稀释，可以直接往地板上喷，简单方便。要是你家有地毯的话，也得买个地毯去污剂，因为，红酒什么的……你懂吧。

烤箱清洁剂

专用清洁剂的确不少，但是如果说哪种值得买，那一定是烤箱专用清洁剂。烤箱里面的污渍都凝固在上面了，如果不用专门的配方，外加卖力地搓洗，想弄掉它们，门儿都没有。

微纤维布

这些布改变了我的生活，多亏了我朋友萨利的推荐（她家是我见过收拾得最干净的家），我才发现这等好物。买一包颜色各异的微纤维布，这样你就能在特定区域用特定颜色的布来清洁，不会再拿清洁马桶的布擦厨房了。而且，厨房纸也能省下不少，湿巾也完全没必要用了。微纤维布易清洗、易晾干，且无须常更换。

双面清洁海绵

这东西虽然有点儿无聊，但是等你需要擦洗某样东西的时候，比如，浴缸、脸盆、厨房炉盘、烤箱等，有这样一个轻柔、一面带研磨材质的清洁海绵还是挺方便的。

鸡毛掸子

我的鸡毛掸子柄可伸缩，蓬松的顶部可塑性强，也就是说，我可以把它弄成任何形状，家里的犄角旮旯都能够得到，这给我带来了不少乐趣。上网看看，给自己买一个。有了它，每次打扫高处时，就不用费劲去够了。

拖把

我喜欢顶部是海绵的拖把，因为这种比传统的拖把干得更快。如果想要高级点儿的，可以买个柄上带喷雾的拖把，无论清洁哪里的地板时，你都可以灌上清洁剂让它喷水。天才发明！也推荐买一套扫帚和簸箕，玻璃碎了或者哪里脏了点儿，可以用它们处理一下，就不用老把吸尘器往外拿了。

吸尘器

有些年我们一直用着房东提供的吸尘器，效果一言难尽，这也是为什么在 8 月下旬时我们还会被剩下的圣诞树松针扎到脚。直到有一天，我们买了属于自己的吸尘器，不再用那台 20 英镑的破吸尘器了，生活就此发生了改变，买吸尘器的那天就成了永生难忘的一天。先调查一下买哪种好，然后就下单吧，保修期要长一点儿，然后和每一粒灰尘说再见，和过去两年破吸尘器下的"幸存者"说再见。

罗列出来后感觉东西还挺多的。除了拖把和吸尘器外，其他任何你不知道该放在哪儿的东西，都可以放在水槽下面，我觉得餐巾纸和热水瓶也可以放在水槽下面。如果你发愁吸尘器找不着地儿放，那我推荐你买个体积小的，大橱柜空间不够的话，就放在门后面。

好了，家务时间表有了，清洁工具也有了，除此之外，你还能做些什么，让做家务变得更简单呢？我这儿还有些终极建议给你……

家务习惯全被打乱时如何应对

家务安排有时候并不按计划走，因为你也不知道什么时候眼睛会瞟到卫生间角落里有个高尔夫球大小的毛团，不确定它到底是灰尘还是头发，而且你也不想知道。它不像女人，每个月都会有具体那么一天受到荷尔蒙影响而发火，大喊："别叫我妈！我不是你妈！关我什么事！"那天来临时，我肯定会在家里来回踱步，什么地方都要吹毛求疵一下，但自己却毫无精力去做。但这种发火和更年期的那种情绪激动不一样，来得快去得也快，不至于让我们的清洁习惯偏离正轨。这种情绪背后的影响因素有很多：时间、出行、思考吃什么的时候缺乏灵感、买了一堆东西回来不知道往哪儿放，或者有时就是什么都不想做。在这样的情况下，有必要采取一些特别手段来使一切恢复正常了。

感觉自己没有时间吗？

实际上我很喜欢做饭，有时也爱打扫。不过时间不够时，我会选择一些更高效的方法。没时间思考饮食计划和采购的事情时，你是不是就吃点儿垃圾食品了事？记不记得上次做家务是什么时候？厕纸用完了老是忘记买？以下提供的这些调整方法做起来都很容易，要是既能照顾到自己的预算，又能让你轻松一点儿，至少晚上9点到家后不用刷浴缸了的话，那么做一下精简，或者寻求一些帮助，也没什么可丢脸的。做法如下：

- 订一周的外卖或者一箱卖家搭配好的蔬菜，安排好送货上门的时间。

- 如果这个月接下来的日子都要工作，那就每周雇一位清洁工来打扫，直到自己周末闲下来，再重新自己打扫。

- 在手机上和一起住的人共享一个购物清单，如果想起来家里的食物或者家居用品需要购买了，就赶紧更新一下清单。

度假回来找不回之前的状态了？

我们总坐飞机去旅行，这既让人快乐，又让人胃疼，因为气流颠簸可真是颠得我屁股都要掉了。收拾行李我在行，但是回来之后，我就像一条防水毛巾一样，成了一个废物，疲惫不堪，半死不活的，只想吃着比萨，然后用余光扫视着那没打开的行李箱。所以，我有一些策略，可以尽量减少回到家后的痛苦。

- 去度假前把剩下的脏衣服都洗了，因为你也知道，等回来之后要洗的衣服肯定有七八桶。

- 确保回来之后隔天早晨就有网购的超市食材送货上门（我从来不让人家在我们回来的那天晚上送货，万一我们回来晚了呢），这样在你恢复好精力出门采购前，就不用靠罐头食物来维生了。

- 你回来当天，也点一份食材外送，或者确保冷冻室里有东西可以吃，这样你当天晚上就不会点外卖了，要点的话，你肯定会一连好几天都吃比萨、面包和意面（这种美味）。

- 出发之前洗好床单，换上干净的床具，一切准备就绪等你回来，感受云端般的好睡眠。

一直没时间做饭？

在"自我关爱：学会好好爱自己"那一节，我提到了饮食计划，对做饭进行了更深入的讲解，不过管理冰箱的方法是我从祖母那里学来的，步骤简单，也非常实用。从小到大，我家都喜欢批量烹饪，把剩菜放入冷冻室里，有可能的话现在我仍然喜欢每个月都这样做。如果旅行回来没吃的，我就会翻翻冰箱。要是家人没打招呼就来吃饭，来不及去超市采购了，我也会翻翻冰箱。实在太懒，不想动？该干什么你懂的。

- 花 1 小时，把一些新鲜食材快速做成炖菜、汤、意面酱之类的东西。

- 照着你喜欢的食谱做出 2 到 3 份食物来，把剩下的食物单独装在特百惠盒子里，放进冷冻室（我妈是把剩菜放进用完的黄油盒或冰激凌盒里）。

家居

● 把快要坏掉的植物香料、辣椒、大蒜切碎放进冰箱的制冰格里，在每个格子里都装满油，然后冷冻，等做饭需要时，就可以拿出冻好的调料油块直接用了。

无法保持东西的整洁？

要想家里整洁，有一个秘诀（除了不生孩子）—— 把东西归位。如果每件物品都有自己固定的位置，那么就根本不会有混乱这档子事儿了。大家都希望家里的东西能在它该在的地方，找的时候好找，那该怎么做呢？

● 下次买完东西带回家时，尽快为它们找一个放置地点，然后后面的一切麻烦就省了。下次做大扫除时，也可以按照这种方式进行，给每件东西找个固定区域放置，这样你就不用举着看广告推荐买下的花瓶，思考着该把它放哪儿了。

● 尽快找个合适的地儿，在社交网络上发布关于"室内灵感"话题的照片，这样整理物品就变成了你自然而然想要去做的事情了。

东西全都胡乱堆着？

家里干净整洁时，我感觉内心最平和，相信这一点大家都不惊讶，毕竟都读到这儿了。我看到边上放着一堆还没洗的盘子就会心悸，即使你没有和我一样的感受，我也推荐你在睡觉前给家里来个快速整理。别误会，并不是说让你拿吸尘器到处都吸一遍，做点儿简单的清理就行。

- 把做饭时用的东西都洗干净放好；洗完的湿衣服都挂起来；第二天上班不需要的东西从包里拿出来；清理干净之前在卫生间留下的美黑霜痕迹，不然那场面就像电影《查理和巧克力工厂》里绿头发、深色皮肤的小矮人遭遇了什么不测一样。

- 睡前做完这些，第二天早晨就不用再浪费时间处理剩下的烂摊子了，你也能多睡10分钟。

这些小建议落实起来不难，它们能帮你在做家务的路上继续前进，尽可能绕过你遇到的困难，而对于那些现在让你感到头疼的家务，你也能更得心应手地应对。管用的方法谁不爱？也许未来你可能还是会想不起来上次擦厨房地板是什么时候，或者用袜子擦着瓷砖上的意面酱污渍，但至少你的饮食已经计划好了呀！不过，可能也有那么一周时间，你感觉自己可以登上下一期《美国好主妇》的封面了，这种感觉越多越好，不论对你家还是你的心理健康都有好处。

作者有话说

希望本章把"人生整理"的所有信条都能联系到一起。生活整理的各个方面都梳理好，工作上的事也办妥后，最后就要给"家"这个齿轮上油了。从我提供的建议中，精挑细选出想要听取的，实施到自己的家里，一切家务就会进展得更顺利，让你感受到一种前所未有的便利。你可以制订出一个家务方案，把任务分配到每个同住者身上，也别忘了想个办法清理那些经常忽略掉的犄角旮旯。有了之前列出来的工具，你的清洁装备就无敌了，可别说我没给你出主意了。无论你看进去和践行了什么建议，还是会有倒退回以前的时候，思考拿冰激凌当晚饭的话够营养吗？或者会注意到地板上有一个毛絮（灰尘、头发团），看着和风滚草一样大。当这样的时刻来临时，我们就需要让自己歇歇了。在保持家里整洁的同时，又要兼顾生活和工作，这不是什么时候都能做到的。记住，人无完人，"高司令"除外。

好了，所有建议都给你了，信息量如此之大。不过，你该如何将它们付诸实践呢？也许你边看边做，这本书看完了，方法也都实践完了。也许你想都读完之后再一一实践？可能你读完本书后对整理再无兴趣，对此，我真诚道歉，不过还是希望你喜欢这本书的样子，可以放在卧室摇摇欲坠的书堆上作为装饰。

剩下的读者看过来，
接下来要教你如何实践了……

家居整理
检查清单

□ 从未来几周和几个月里安排出时间来整理杂物，用上 FULL 法则。把日期写进日程本，并优先处理，确保自己时间充足，可以完成这些计划。

□ 有情感寄托的物品也要用上FULL法则。

□ 打造一个胶囊衣橱，试验一个季节。只买自己需要的东西，避免冲动消费，每次买东西都带着购物清单。

□ 学会如何保养好自己的衣服，有要干洗的就拿去干洗店，有要修补的就去找裁缝。

□ 制定一个家务时间表，其中包括每日计划、每周计划、半年计划和年度计划。

□ 做家务的工具少什么就添什么，这样就可以进行全方位除尘了。

人生整理的
行动计划

AN EDITED
LIFE
THE ACTION
PLANS

知道那首 KTV 的经典曲目——"Boyz II
Men（美国音乐组合）"的《路的尽头》吗？
我们很快就可以纵情欢唱这首歌了！"人
生整理"已经到了尾声，该要谢幕了。

非常开心能和大家分享我所有的技巧，
所以在谢幕前，还得教大家一下如何把
我分享的内容融入你们的生活、工作中，
可能会对你们有所帮助。

下面我会介绍三种行动方案，分为三个不同的时间段——周末、一个月、三个月，你可以根据自己的喜好来选择。

那么，具体要如何整合呢？

重要提示

这部分的行动方案只是作为一种指导，向各位展示如何将我所述及的生活、工作、居家整理的方方面面整合起来，所以并不是金规铁律。

周末的整理计划你要花一周才能做完？没关系。有的方法想先尝试两个月？当然可以！边试边调，把合适的想法融入生活中，并且记住下面这些要点：

● 万事开头难，但是一旦开始，脚步就会越来越快了。所以事不宜迟，即使只在一件事情上做出改变也比什么都不做强。

● 将这些习惯和日常融入生活，而不是做完一次就大功告成了。这是一个长期的过程，需要随着时间不断调整。但并不是说让你对所有事情都拼死拼活，重要的是，当事情不按计划发展时，你不再惧怕，或者某些事情需要你投入更多精力时，你也能从容应对。

● 除了一些从朋友和家人那里学来的技巧，其他大部分我谈到的方法都是对我自己真正管用的。这大千世界里，我也只不过是"高司令"的一个处女座"迷妹"而已，所以你大可选择自己喜欢的方法，调整一下，然后运用到有需要的地方，剩下的不看也罢。毕竟我的"胡扯"能力是出了名的。

准备好开始了吗？关于如何将本书融入自己的生活，建议如下……

周末计划

生活

- 了解一下自己的日程，根据"打造你的专属日程"一节中的流程图看看自己是喜欢用电子还是纸质的方式做计划。在日程中加入接下来一年的假期、会议和截止日期等，并安排好下一周的健身时间和社交活动。

- 开始考虑自己的预算。第一步是登陆自己的网上银行，熟悉自己的财务状况，接下来的一周每天都如此。

- 为下周制订饮食计划。计划好每天要吃什么，找好一日三餐的食谱，早餐和午餐既要营养又要方便做，列出一份购物清单，然后出发去超市（如果时间紧就从网上买）。

工作

- 翻到"让工作日高效运转"一节，写下未来一周自己的计划和每日待办事项。

- 保证未来一周工作的同时，至少尝试一个"让工作尽在掌握"一节中提到的省时小技巧。

家居

● 设置好接下来几周里执行精简计划的时间，什么时候整理哪个房间的物品也要安排好，然后就此踏上家居整理之旅。

● 参照"料理家务，其实并不难"一节的小贴士，好好清理一下自己的家，迎接下一周的到来。

● 如果想尝试一下胶囊衣橱，就开始按"手把手教你：从零打造'胶囊衣橱'"一节中的步骤行动吧。

单月计划

生活

● 把日历上的日程安排再写得细致一些。除了加上自己每天都要做的事情，也写下朋友的生日，提醒自己买礼物，用不同颜色的标签进行分类。如果你用的是电子版日历，其实可以试试电子和纸质相结合的方法，一个用来记自己的私事，另一个记录工作。这就是字面意思上的"平衡工作和生活"。

● 养成每周查看几次银行账户的习惯，参考"理财：用好的预算做金钱的管家"那一节有关如何制定预算表的模板，连续一个月记录自己的账户明细。

● 好好地自我关爱一下。每个星期都要留点儿时间给自己，就算只有半个小时也好。无论你想洗澡的时候纵情歌唱自己喜欢的乐队的歌，还是只想安安静静读本书，只要是能让自己暂时减缓压力的事情都可以。

● 读一读"自我关爱：学会好好爱自己"那一节有关制订饮食计划的部分，想想自己家最适合哪种计划方式，然后就着手实施，尽可能地养成一种习惯，让生活变得更轻松。或许你需要为自己打造一份食谱列表，这样就不用花好几个小时翻阅食谱书了；又或许你需要的是记下自己网购时最爱买什么，这样下次就可以直接加进购物车了。

● 给自己设定好目标，一个月内每周锻炼两次。可以在家附近快步走，也可以去你一直想去的瑜伽课。不管是什么运动，能让自己出汗就行。给自己制定一个可以打钩的时间表，钉在家里常去的地方。

● 树立一个月度目标，参考"写给未来的自己：树立目标与制订可行的计划"一节中的建议。目标可以是任何方面的，比如工作、生活、家居等，只要能锻炼你树立目标的能力就行。记得用上SMART法则哦。

工作

● 依照"让工作区干净清爽"一节里介绍的方法，找一个周五晚上或周一早上打扫一下自己的工作区。

● 参照"让工作日高效运转"一节，调整好自己的精力，找出自己工作过程中最精力充沛和最疲惫的时间段。记录下这些时间段，然后参考这些信息来计划下周日程。

● 用一个月来整理好自己的邮箱。建立文件夹，删除不需要的旧邮件，制订好自己查看邮箱的规则（比如每天只检查三次收件箱）。

家居

● 给每个房间制订打扫计划，用"精简物品，精简人生"一节中的FULL法则来整理物品。就算不能全部打扫完，但基于你的月度计划，完成50%应该是没问题的。

● 参照"手把手教你：从零打造'胶囊衣橱'"一节中的步骤，

留下的衣服都精心整理一下。学会如何正确打理各种面料的衣服，该缝的缝，该改的改。

- 挑选好清洁工具，空出些时间给家里来个彻彻底底的大扫除，把"料理家务，其实并不难"一节中家务时间表里提到的所有地方都清理到。对于比较大的清扫任务，就在日历中设置一个两年或一年的提醒。

3个月计划

生活

- 3个月不算短，可以好好制定一个预算了。记录好自己的支出后，开始熟悉一下预算表，根据"理财：用好的预算做金钱的管家"一节的步骤制定出预算。年度和季度存钱计划也可以开始实施了。

- 3个月的时间里至少完成一次"数码排毒"。如果喜欢的话，就让自己多"排"几回。

- 除了制订饮食计划和每周食材采购计划，还要确保厨房里有必备的材料工具。给自己买本新食谱，挑战一下新菜式。

- 制订一个正式的健身计划，参照"自我关爱：学会好好爱自己"一节里我提到的技巧，认真地去完成。不要害怕尝试新东西，让自己的运动方式更多样一些。

- 3个月的时间里，真的可以深入思考一下自己的长期计划。用上"写给未来的自己：树立目标与制订可行的计划"一节中的练习，尽量把长期目标具体化，再细化出具体的行动方案，放到每周计划中完成。

工作

- 确保工作区干净整洁，没有杂乱的文件，按需整理，最大程度地发挥其功能。放一些收纳工具，把至少一星期没用过的东西挪出工作区。

- 养成一些工作日的惯例和习惯可以很大程度上节省时间，所以找一个制订待办清单的固定方式，设定一个回复邮件的模板，规定好回复邮件的时间。给自己制订的规则要好好落实，也要能提高自己的工作效率。

- 读一读"让工作尽在掌握"一节里有关"心流"的部分，看看自己如何将其运用到自己的工作中。

人生整理的行动计划

家居

● 把每个房间的物品（包括有情感寄托的物品）都精简一下，每件物品都用FULL法则过一遍。剩下的能卖则卖，能捐则捐，能送人则送人，和那些你不需要的东西说再见。

● 花一个季度的时间试验一下胶囊衣橱的理念。学习如何判断一件衣服质量的好坏，理性购物（一定要写购物清单！），从旧衣服里找寻新的穿搭灵感，不要冲动消费、不停买新衣服。自己常穿的和自己缺的衣服都记下来，参照这些准备新一季的衣橱。

● 整理一下自己的清洁工具，缺什么买什么。来一次家庭深度清洁，然后找"料理家务，其实并不难"一节里的一个清洁技巧试一试。你是想往冰箱里添置食材时以备不时之需呢，还是想尝试下整理建议，把任务量减半呢？

无论你想从哪里开始，我都希望用了这些方法后，你会觉得自己的东西更整齐有序了一些。无论你是开始践行"要质量不要数量"的理念了，还是开始学会说"不"了，或者开始遵守自己的时间规划了，只要从这些章节中选取几个实践一下，我相信对你来说这些做法都是在善待你自己，而你值得被如此善待，最终你会获得更多时间，去做让自己开心的事情。而这，就是我这一堆废话的最终目标。

最后一件事……

人无完人。我们会搞砸事情，我们邋里邋遢，我们阴晴不定，我们有时还会把东西弄得乱七八糟。所以尽管我提供了一些建议，让所有人都可以有所收获，但是不管做了多少调整，用上了多少整理的技巧，总会有出问题的时候，就连写人生整理书的作者也不例外。下面这个清单就列举了本书写作过程中发生的部分"打脸"事件：

● 我迷上了《糖果传奇》这个游戏，睡觉前都会玩一玩，现在级别已经有三位数了，我还和其他"糖果粉"相交甚欢（此处向我的朋友米莉致敬！）。

● 说到睡觉，我开始享受赖床了，以前从来没有这样过。我真是抓住一切机会赖床，只有快递小哥按门铃的时候我会起来，工作也在床上。而且我现在晚睡晚起，因为赖床，工作效率也不高了。

● 我吃了好多薯片和饼干！有一次中午下了普拉提课后我就光速在外卖软件上点了一份麦当劳，太可笑了。

● 我曾经有一整个月没去上普拉提课，弯腰都够不到脚趾了。重回课堂时我喜极而泣，因为做普拉提时，整个人都神清气爽，筋也拉得很爽，我恨自己之前为什么不来上课。

● 我在网上买了好多东西，也退了好多货。不过那段时间里有些花大价钱买的衣服我也不确定是不是真的有必要。

● 找寻工作和生活的平衡，我也给搞砸了。我有一次和朋友出去跳了一通宵的舞，然后只好周日工作了一整天。我去父母家串门的次数少了一半，他们肯定偷着乐呢。时间安排上我也是手忙脚乱的，取消了很多晚餐、会议，家庭聚会也没去成。

● 我有好多未接来电，很多信息也忘了回，开会也会迟到。以前开会我总是提前 10 分钟到，但那段时间我只能说："真是不好意思，我迟到了 10 分钟。"

● 这本书交稿日期正好撞上我最忙的那一个月。我要忙着做品牌，录制播客，写快讯，还出了两趟国，在赶一份 **8** 万字书稿的同时，还要每周定期发视频和 **3** 篇博文。你猜怎么着？我那时真的喘不过气了，也不再制订计划了，待办清单也不打钩了。不管做什么，我都感觉自己像只在滚轮上不停奔跑的仓鼠，很努力却仍留在原地。

● 我无视了自己的这些建议，整整 **3** 天没出门。最后感觉太过无聊，而且拖延症实在是过于严重了，所以我就预约了理发师剪了头发，离开理发店时头发就只剩以前的一半多。

看见了吗？虽然上面这些习惯并不完全符合本书的理念，但那一年仍旧是我人生中最美好的一年。我写了书，去了很多很美的地方，博客和视频频道不断更新着内容。我也创造了很多回忆，笑过也哭过（因为我喝了太多天使蜜语酒，而且我真的非常喜欢我的朋友！哈哈哈！）。我还在制定预算，也在制订计划、日程，坚持用胶囊衣橱，努力实现目标，也比去年少点了很多比萨。可能对于完成待办清单我没有以前兴致高昂，在实施清洁计划时也有很多可以改进的地方，但我在这本书里说了很多次了，重要的是要选择在当下适合自己的方法，而我就是这样做的。生活、工作、家居我都一一整理，让自己更有条理、更高效，也尽可能为自己腾出足够的时间，去做喜欢的事。

生活的画卷由你自己书写，现在你有了整理人生的技巧，知道了如何汰劣留良。现在就开始做自己的人生整理师吧！

资源 RESOURCES

有关人生整理的拓展阅读与研究……

更多免费下载的电子版资源请见：

THEANNAEDIT.COM

- 《如何制定预算表》
- 《计划饮食和购物清单》
- 《如何制订健身目标和计划》
- 《周计划工作表》
- 《如何打造胶囊衣橱》
- 《短假和长假行李打包指南》

网站

INTOTHEGLOSS.COM：主要提供美妆护理的相关素材。兴致来了想宠爱自己一下时，我就会上这个网站寻找灵感。

MONEYSAVINGEXPERT.COM：啊，这个网站要是没听说过就说不过去了。这个网站正如其名，是教你省钱的，在各种各样的事情上为你提供切实客观的理财建议。

THEFINANCIALDIET.COM：和上面一个相比，这个网站的设计会更好看一些，而且就实用性来讲，也毫不逊色。文章皆由女性撰写，并以女性作为目标读者。

THEELGINAVENUE.COM：这个网站什么都会涉及一点儿，效率、商务、人际关系、职业等等。莫妮卡推荐的小贴士和方法都特别好，实践起来非常容易。

THEWWCLUB.COM：这个网站汇集了成功职业女性提供的工作建议。上面还提供工作表供免费打印，我非常喜欢，用起来很方便，尤其适合创业人士。

UN-FANCY.COM：谢谢卡洛琳！在她的网站上，我第一次发现了胶囊衣橱的理念。所以在这儿你会找到很多胶囊衣橱的资源，还有很多实用的博文，讲述她一年到头是如何打造胶囊衣橱的。

播客

从何谈起（WHERE SHOULD WE BEGIN?） 主播为埃丝特·佩雷尔。听这个播客就像隔着门听房间里的夫妻做情感咨询。听听人家是如何解决问题，有非常治愈的效果。

快乐圣地（HAPPY PLACE） 主播为菲妮·科顿。这个播客会让你心情很好，听罢摘下耳机，会觉得自己受到鼓舞，元气满满，准备好了迎接新的一天。

悲伤频道（GRIEFCAST） 主播为卡瑞爱得·劳埃德。内容主要围绕着死亡和丧亲之痛，却异常激励人心。如果你失去了至亲，难以走出伤痛，这个播客很适合疗伤。

任务管理器（CTRL ALT DELETE） 主播艾玛·加侬会邀请一些非常优秀的嘉宾，谈论一些涉及创业、创造力和个人发展的话题。

成功之路（HOW I BUILT THIS） 主播为盖伊·雷。播客收录了全球最成功的企业家们的高端访谈，动机不足时特别适合激励自我。

工具和软件

MONZO：使预算管理变得更容易，可以通过直观的图表和信息图实时查看交易信息。

HEALTH（苹果系统自带的计步器）：我会用它大概记录一下一天会走多少步。虽然不是特别准确，但是也足够作为参考了。

MOVEGB：注册好并付完月费之后，你就可以参加附近的健身班了，方便你去尝试新的健身项目。

HEADSPACE: 这是一个冥想软件，适合在状态不佳时冲击一下自己的耳朵。我个人觉得在坐飞机前紧张的时候听听特别管用。

ASANA：最高效的手机软件，可以和电脑同步，让你全方位地制订计划、管理时间。

书籍

《为什么社交媒体正在毁了你的生活？》（*Why Social Media Is Ruining Your Life*） 作者：凯瑟琳·奥默罗德
审视我们在生活的各个方面是如何运用社交媒体的。读完你肯定想来一次"数码排毒"。

《我所知道的关于爱的事情》（*Everything I Know About Love*） 作者：多莉·奥尔德顿
多莉二十几岁时的爱情故事就像是一碗心灵鸡汤。即刻添加到"自我关爱"的日程中吧！

《女孩爱上奔跑》（*Running Like A Girl*） 作者：亚历山德拉·赫敏斯利
如果要找本书，给自己"打打鸡血"，激励自己去跑步或者去健身，那非它莫属！

《子弹笔记》（*The Bullet Journal Method*） 作者：赖德·卡罗尔
如果想让自己制订计划的技能更上一层楼，那就读读这本书，进入子弹笔记的海洋吧。

《职场女人笔记》(*The Working Woman's Handbook*) 作者：菲布·洛瓦特

这真的是一个笔记，从宣传设计到拉投资，几乎涵盖了工作领域的方方面面。

《个体突围：真正的高手，都有破局思维》(*The Multi-Hyphen Method*) 作者：艾玛·加侬

如果未来5年你想把自己的创业想法发展成副业，就一定要把这本书放在床头。

《小黑书》(*Little Black Book*) 作者：奥特佳·乌娃格巴

适合通勤路上快速阅读，如果觉得自己的职业生涯有些黯淡无光，这本书可以让你重焕活力。

《怦然心动的人生整理魔法》(*The Life-Changing Magic of Tidying*) 作者：近藤麻理惠

这本书是我人生整理的启蒙书。如果你想尝试一下真正的极简主义，那么近藤麻理惠的书就是最好的选择。

《衣橱整理》(*The Curated Closet*) 作者：安努什卡·里斯

对胶囊衣橱的理念着迷了，还想继续阅读相关书籍？这本书会为你提供全方位的建议，从时尚理念到季节性搭配，通通满足你。

致谢 ACKNOWLEDGEMENTS

在此，我要先向那些访问过我的网站的朋友们说声谢谢。谢谢你们的浏览、评论，谢谢你们发的推特、邮件，也谢谢为我视频点赞的网友们。有这样一群善良、忠实的粉丝让我感到十分幸运，没有你们，我肯定无法完成这本处女作，也不会为你们写下这篇致谢。你们的关注和一直以来的支持对我来说意义重大。

谢谢我的文稿经纪人阿比盖尔·伯格斯特朗从一开始对这本书给予的信任。您和梅根·斯坦顿的反馈和鼓励是我的无价之宝，人生中能遇到如此优秀的二位是我的荣幸。谢谢 Quadrille 出版社的苏珊娜·奥特，你一直都是我最喜欢的出版人，也将我对这本书的期待提升到了我从未想过的高度。我还要谢谢以下这群姑娘：Quadrille 出版社的艾米丽·拉普沃思、萨拉·勒沃乔伊、露丝·图克斯伯里和 BrandHive 广告公司的艾米丽·布恩斯。也感谢我的经纪人露西和米莉，谢谢你们在我状态不佳时关心我，发消息问我："亲爱的，你还好吗？"谢谢你们一直以来对我的照顾，一直为我加油鼓劲儿。

我还要特别感谢一直以来特别支持我的朋友、家人们，尤其是梅尔、萨米乔、劳伦、萨利和马特，在我询问他们整理的相关事宜时毫无保留。谢谢莉莉，我的写作导师，在我写作过程中一直给我鼓励。

谢谢我的丈夫马克，每次我说再工作一小会儿但其实又工作了3个小时的时候，你也从来不会抱怨、不会生气。谢谢你在每次我的写作字数有了突破，都会来办公区手舞足蹈地为我庆祝。

你最好了！最后，感谢我的爸妈——简和史蒂夫。谢谢妈妈在听说我要出书的时候激动得又蹦又跳。虽然您喜欢囤东西，但是您依旧可爱！谢谢爸爸给我的信任，谢谢您从始至终一直支持我写博客，每天送我去伦敦上班，路上还帮我规划职业生涯。谢谢你俩每周六早上都逼我整理房间，你们两位洁癖患者永远都是我的最爱。